AF454024

RECHERCHES ANATOMIQUES

SUR

LES GREFFES HERBACÉES

ET LIGNEUSES

RECHERCHES ANATOMIQUES

SUR

LES GREFFES HERBACÉES

ET LIGNEUSES

PAR

Lucien DANIEL

Docteur ès-sciences, Professeur au Lycée de Rennes

RENNES

IMPRIMERIE FR. SIMON, SUCC DE A. LE ROY

IMPRIMEUR BREVETÉ

1896

Extrait du Bulletin de la Société
scientifique et médicale de l'Ouest *du 5° trimestre 1896*.

Recherches anatomiques sur les Greffes herbacées et ligneuses,

Par M. Lucien Daniel, Docteur ès-sciences, Professeur
au Lycée de Rennes.

Introduction.

Le mécanisme de la reprise anatomique de la greffe qui
fait l'objet du présent mémoire, est loin, malgré les importants travaux qu'il a déjà suscités, d'être connu d'une façon
suffisante pour que l'on puisse encore établir d'une façon
sûre et précise une théorie complète de la régénération
en commun des tissus du sujet et du greffon, et de la
soudure qui en est la conséquence.

Évidemment cette théorie devant expliquer pourquoi deux
cellules mises en contact peuvent ou non se souder dans
des cas déterminés, ne saurait être définitive et complète
que quand on sera parvenu à fixer les propriétés des protoplasmas que l'on cherche ainsi à réunir. Or, cette déter-
mination est encore impossible avec les moyens dont la
science actuelle peut disposer. Ce n'est donc point ce que
j'ai cherché ici à mettre en lumière.

J'ai essayé de préciser la manière dont se fait la reprise,
sans me préoccuper de la structure intime des protoplasmas
des cellules juxtaposées dans la greffe ; en un mot, comment
se développent greffon et sujet depuis le début de l'opéra-

tion jusqu'à la séparation de l'association ou jusqu'à la reprise définitive.

J'avais donc à examiner, au point de vue anatomique, ce qui se passe dans les greffes qui réussissent comme aussi dans celles qui ne réussissent pas.

Ainsi envisagée, la question présente non seulement un intérêt théorique, mais encore un intérêt pratique, car il est indispensable de bien connaître, en dehors des questions de parenté qui jusqu'ici paraissent fondamentales, dans quelles conditions une greffe a des chances de réussir.

La vie d'un homme ne suffirait pas à examiner toutes les greffes possibles et impossibles. Mes recherches n'ont donc pas la prétention de s'appliquer à tous les cas, par suite, d'établir une théorie définitive, au sens absolu du mot.

Cependant, elles sont assez variées pour donner une idée des grandes lignes du phénomène si complexe de la reprise dans les greffes herbacées et ligneuses. C'est la raison pour laquelle j'ai cru devoir les publier aujourd'hui, quitte à les compléter par la suite.

Les coupes anatomiques qui figurent dans ce travail ont été dessinées à la chambre claire par mon excellent camarade et ami, M. Bézier, directeur du Musée d'Histoire naturelle de Rennes, dont le talent bien connu est au-dessus de tout éloge. Qu'il veuille bien agréer tous mes remercie-ments pour le gracieux concours qu'il m'a prêté dans cette circonstance.

HISTORIQUE

Avant la découverte du microscope, il était impossible de se faire une idée nette des phénomènes qui se produisent dans la soudure intime du sujet et du greffon.

Pourtant déjà les anciens avaient pressenti l'importance de cette question. Ils la formulaient tout simplement d'une façon différente.

C'est en effet la *concordance des sèves* de Théophraste [1]
et de beaucoup d'Auteurs, la *concordance des écorces* de
Caton [2] et des Auteurs latins, les *conditions de la reprise*
dans la greffe d'Ibn-al-Awam [3] et des Auteurs arabes, etc.

Il ne sera pas sans intérêt de rappeler ici que les Arabes
avaient porté l'agriculture à un haut degré de perfection, et
cependant leurs ouvrages sont peu connus. Parmi les
meilleurs, figure celui d'Ibn-al-Awam. Dans son *Livre de
l'Agriculture,* après avoir donné un excellent exposé de
l'utilité de la greffe, il discute les conditions de la réussite
de cette opération, et il le fait aussi bien qu'on pouvait le
faire avant l'application du microscope à l'anatomie végétale.
On est surpris de voir l'étude de la greffe aussi avancée
chez les Arabes quand elle était si en retard ailleurs à la
même époque.

Au point de vue de la reprise, Ibn-al-Awam classait les
végétaux en trois groupes :

1° Les arbres *oléagineux* (olivier, laurier, lentisque, etc.);

2° Les arbres *gommeux* (pêcher, cerisier, abricotier, etc.);

3° Les arbres *aqueux,* qu'il divisait eux-mêmes en deux
catégories : les arbres *à feuilles caduques* (pommier, coignas-
sier, etc,) et les arbres *à feuilles persistantes* (myrte, cyprès,
chêne vert, etc.).

Aucune espèce de chaque catégorie ne reprend sur des
espèces de catégories différentes. Mais la plupart des espèces
de même catégorie se soudent volontiers. Ainsi les arbres
résineux se greffent mutuellement de l'un à l'autre, etc.

Un peu plus tard, un amateur français, Landric [4], va
beaucoup plus loin. Il remarque le premier que « l'écorce

1. THÉOPHRASTE (371-288 avant J.-C.), *De causis plantarum,* II, 23 : V, 4 ;
et *ibid.,* I, 6, 6 ; II, 17, 6.
2. CATON LE CENSEUR (234-149 avant J.-C.), *De re rustica,* p. 18 et p. 19.
3. IBN-AL-AWAM (XIIe siècle après J.-C.), *Le livre de l'Agriculture,* cha-
pitre VIII, p. 380 et suiv.
4. LANDRIC, *Avertissement et manière d'enter assurément les arbres en
toute saison de l'année,* Bordeaux, 1580, p. 3.

ni le bois du sujet ne reprennent jamais avec l'anton (greffon), mais bien seulement les tissus nouveaux qui se forment entre l'écorce et le bois. »

L'invention du microscope vers 1590 aurait dû provoquer de suite de nouvelles recherches. Pourtant elles ne se firent qu'à la fin du XVIIe et au commencement du XVIIIe siècles, quand cet instrument fut assez perfectionné pour faire apercevoir des détails de structure qui émerveillèrent les observateurs d'alors.

Philosophes, physiciens et naturalistes (c'était tout un à ce moment pour le plus grand bien de la science), cherchèrent à l'envi à se rendre compte des phénomènes intimes de la vie animale et de la vie végétale.

« Frappés, dit Furetière[1], de voir une greffe entée sur le tronc d'un autre arbre porter des fruits d'une nature différente de ceux du tronc qui la nourrit, ils attribuaient cet effet à la diversité des pores de la greffe qui fait changer de figure aux particules du suc qui passe du tronc dans la greffe. »

Quoiqu'il ne soit resté que bien peu de chose, au point de vue de l'anatomie de la greffe, des travaux des naturalistes de cette époque, il serait injuste de les négliger ici.

Grew[2], Malpighi, Hales[3] étudiaient les procédés à l'aide desquels s'accroissent les plantes ligneuses. Pour résoudre une semblable question, il était naturel d'examiner les greffes et surtout les greffes faites entre végétaux dont les bois étaient de couleurs très différentes.

C'est ce que l'on fit, mais sans arriver à se mettre d'accord.

Malpighi croyait que c'était le liber qui engendrait les nouvelles couches ligneuses.

---

1. *Dictionnaire de Furetière*, t. II, La Haye et Rotterdam, 1701.
2. Grew, *Anatomie des Plantes, avec l'âme des Plantes*, Leide, 1685.
3. Hales, *Statique des végétaux*, Paris, 1735.

Grew n'admettait pas la transformation du liber en bois, mais il faisait émaner les couches ligneuses du corps même de l'écorce.

Hales voulait que les nouvelles couches ligneuses fussent produites par le dernier bois formé (aubier).

Enfin une opinion très ancienne, quoique non formulée jusqu'alors d'une façon bien précise, attribuait la formation du bois à une matière visqueuse, durcissant par la suite pour fournir une nouvelle couche ligneuse. Cette substance était le « *cambium* ».

Tel était l'état de la question, quand un savant distingué, Duhamel du Monceau, entreprit ses remarquables expériences sur la greffe[1].

Ce qui distingue les recherches de Duhamel, c'est une précision et une rigueur scientifique telles qu'elles peuvent encore aujourd'hui servir de modèle. C'est lui qui le premier a su sortir l'art de la greffe de la pratique empirique et des conceptions si souvent fantaisistes où il était jusqu'alors confiné pour le faire entrer dans le domaine scientifique expérimental.

Ce sera l'éternel honneur de Duhamel d'avoir, aussi bien que l'état de la science le permettait alors, indiqué comment se fait la cicatrisation des blessures, comment s'opère la soudure dans la greffe, quelles sont les conditions qui règlent la reprise des greffes.

Pour établir une théorie complète, il ne lui a peut-être manqué qu'un microscope plus puissant. Aussi n'y a-t-il pas lieu de s'étonner du nombre considérable de plagiaires qui ont pillé cet auteur en le démarquant sans scrupules[2].

Duhamel, étudiant les greffes en couronne ou en fente, constata qu'au bout de trois semaines, tous les vides se

---

1. Duhamel du Monceau, *Physique des Arbres*, Paris, 1758.
2. Il suffit de parcourir les traités publiés depuis sur la greffe pour s'en rendre compte. C'est d'ailleurs le sort commun de tous les travaux sérieux.

remplissent d'une substance tendre et herbacée comme dans la cicatrisation des plaies.

Plus tard un bourrelet s'épand sur toute la surface de section pour la recouvrir. Mais quoique le bois primitif du greffon soit en contact direct avec celui du sujet, jamais ces deux bois ne se réunissent l'un à l'autre, comme Landric l'avait déjà démontré, mais ils se dessèchent et meurent par la suite.

La réunion se fait exclusivement par le cambium qui paraît *transsuder* d'entre le bois et l'écorce, et qui se transforme plus tard en bois, dont les vaisseaux ne s'abouchent pas bout à bout, mais s'unissent par différents points.

Les productions cambiales sont fournies à la fois par le sujet et le greffon, ainsi qu'on peut s'en assurer en greffant des pêchers à bois jaune sur des pruniers à bois rouge[1].

Ces productions ne sont pas les seuls tissus qui puissent se souder. Les écorces peuvent s'unir intimement, quand elles sont jeunes.

Mais la soudure ne peut se faire indifféremment entre toutes les espèces de plantes, comme on le croyait au Moyen-Age et dans l'antiquité.

Pour que le greffon se soude au sujet, il est nécessaire qu'il y ait entre les deux plantes divers rapports, dont les plus essentiels sont :

1° Une ressemblance suffisante entre le grain de leur bois, leur pesanteur relative, leur dureté, leur force, leur facilité à se plier, à se casser net ; entre la qualité de leurs sucs gommeux, laiteux ou résineux, etc. ; entre leurs saveurs et odeurs insipides, douces, suaves, acides, âcres, caustiques, aromatiques, amères, fétides, etc. ;

---

1. C'est cette expérience qui est encore le meilleur argument employé contre les théories ultérieures de l'accroissement par formations descendantes, soutenues longtemps par certains botanistes (théorie de La Hire, Er. Darwin, et Du Petit-Thouars, sur l'individualité des bourgeons ; théorie de l'individualité des feuilles d'Agardh et théorie des Phytons de Gaudichaud).

2° Que les temps de leur sève, de leur fleuraison et de la maturation de leurs fruits soient les mêmes;

3° Que la végétation soit à peu près égale en vigueur dans le sujet et le greffon;

4° Que la grandeur soit à peu près la même ou au moins proportionnée entre le sujet et le greffon. C'est de là que dépend la durée des greffes tout autant que de l'égalité dans la force de leur végétation.

Toutes ces conclusions devaient fatalement se présenter à l'esprit de Duhamel, qui ne possédait pas les moyens puissants d'investigation dont on dispose aujourd'hui.

Bonnet[1], se fondant sur les expériences de Duhamel et les siennes, démontra presque à la même époque que le bourrelet n'était pas, comme on l'avait cru, une glande végétale destinée à séparer du sujet les sucs propres du greffon. Il fit absorber de l'encre à une vigne greffée, et constata que, malgré la non-continuité des tubes et leurs différences de structure, cette encre ne subit aucune modification[2].

Adanson[3] précise davantage encore les données recueillies par Duhamel. C'est lui qui pose, comme condition de la reprise, le principe si juste de la parenté du sujet et du greffon, qui ne sauraient s'unir définitivement, s'ils ne sont *au moins de la même famille.*

Duhamel, malgré toutes ses expériences, était resté dans l'incertitude au sujet de la production des couches ligneuses dans l'accroissement de la tige des arbres. Ce fut Mirbel, qui en 1816, développa clairement la théorie actuelle du cambium, ou couche génératrice, tissu très jeune, et non liquide comme on l'avait cru jusqu'alors. C'est ce tissu très

---

1. Bonnet, *Œuvres d'Histoire naturelle et de Philosophie*, t. III, p. 144 et suiv. Neufchâtel, 1779. La 1re édition est de 1762.

2. Il y aurait bien à dire sur cette expérience qui rentre plutôt dans la physiologie.

3. Adanson, *Famille des Plantes*, Paris, 1763.

jeune dont la couche interne se transforme en bois et la couche externe en liber[1].

Ces données jetèrent un jour tout nouveau sur l'anatomie de la greffe. Toutefois, jusqu'au commencement du XIXᵉ siècle, les observations relatives à cette question portant exclusivement sur la greffe des arbres, on ne pouvait guère se rendre compte des phénomènes du début de la soudure.

Turpin[2] entreprit le premier des recherches sur les greffes des plantes herbacées, particulièrement sur les Cactées.

Le fait le plus saillant de son mémoire, un peu long et trop souvent diffus, c'est que *la reprise se fait par les tissus jeunes exclusivement.*

A ce moment, on croyait que les greffes des Cactées étaient des boutures. Turpin démontra le premier que c'était une greffe au sens propre du mot. Mais ici les soudures se faisaient surtout à l'aide du tissu cellulaire, contrairement aux greffes ligneuses où le tissu vasculaire jouait le plus grand rôle. C'est aussi Turpin qui constata le premier l'existence d'une ligne transversale de soudure à l'intérieur de presque tous les arbres greffés en fente.

Il compara la greffe animale à la greffe végétale et montra leurs rapports étroits.

Treviranus[3], dans la greffe du pommier, Gœppert[4], dans les greffes en approche de *Sorbus aucuparia* et de *Sorbus lanuginosa,* constatent que les couches ligneuses entamées dans l'opération se réunissent à l'aide d'un parenchyme d'abord cellulaire, qui se transforme plus tard en tissu ligneux (parenchyme ponctué ligneux) et qui forme entre les deux bois une strie brun verdâtre.

1. Mirbel, *Bulletin de la Société philomatique*, 1816.
2. Turpin, *Mémoire sur la Greffe ou le Collage physiologique des tissus organiques*, Ann. des Sciences naturelles, tome XXIV, p. 280, Paris, 1831.
3. Treviranus, *Physiologie végétale*, vol. II, section 1, p. 218.
4. Gœppert, *Ueber das sogennante Ueberwallen der Tannenstœcke*, Bonn, 1842.

Ces deux auteurs n'ont pu savoir si ce tissu de nouvelle formation persiste par la suite ou est résorbé. La question n'a d'ailleurs qu'un intérêt très secondaire.

En 1841, le comte Giorgio Gallesio, dans un long mémoire[1], où il ne paraît tenir aucun compte des travaux scientifiques antérieurs en dehors des publications des praticiens, considère, dans la vie active des plantes, deux mouvements de la sève.

L'un se produit quand la sève monte et circule dans les vaisseaux; c'est la *sève circulante;* l'autre a lieu quand la sève précédente *crève les vaisseaux* pour se *répandre* entre le liber et l'aubier et s'y organiser en couches nouvelles : c'est la *sève extravasée.*

On greffe au moment de ces deux sèves.

Dans le premier cas (greffe en fente), il faut, pour réussir, faire concorder les écorces par leurs bords, d'où nécessité d'une *analogie anatomique.*

Dans le deuxième cas (écusson, couronne, etc.), il suffit d'introduire le greffon entre le bois et l'écorce. Le liber du greffon s'appliquant directement sur le bois du sujet, l'analogie anatomique devient inutile, mais pour que la greffe réussisse, il faut qu'il y ait *analogie physiologique* entre les deux plantes.

On voit qu'à ce moment encore certains greffeurs se rendaient bien peu compte des conditions de l'opération.

Quelques années plus tard, Decaisne[2], reprend l'étude anatomique de la greffe, tant ligneuse qu'herbacée. Son travail, très consciencieux, est très intéressant, quoique peu étendu. Il confirme la plupart des découvertes de Turpin, sur la greffe des Cactées et sur la greffe herbacée.

---

1. Cte Giorgio Gallesio, *Théorie et classification des greffes,* 1841.
2. Decaisne, *De la Greffe herbacée,* Comptes rendus de l'Académie des sciences, 1847; *Mémoire sur la Greffe,* Revue horticole, 1849, p. 68.

Il montre : 1° que dans les plantes grasses, il s'écoule parfois plusieurs années sans que les systèmes vasculaires soient en relation directe, de telle sorte que la communication entre les vaisseaux du sujet et du greffon se fait au travers d'une couche de tissu cellulaire.

2° Que dans toutes les greffes, la reprise est d'autant plus assurée que le tissu cellulaire est plus abondant.

3° Que des plantes ligneuses peuvent sans inconvénient s'unir à des plantes herbacées.

Presque en même temps, dans un travail qui n'apporte que bien peu de faits nouveaux, Link[1] constate que dans le *Robinia pseudoacacia* la soudure a lieu par du tissu cellulaire sans trace de vaisseaux, mais la couche est si mince qu'on ne peut la voir à l'œil nu.

Il prétend, contrairement à Duhamel, que « jamais l'écorce seule ne s'est entregreffée à l'écorce; le bois, mis en contact avec de l'écorce seulement, ne se soude pas davantage. »

Trécul[2], a consacré d'importants mémoires à l'accroissement des plantes ligneuses, et incidemment à la greffe.

Pour lui, des bourrelets utriculaires se forment sur les bords des troncatures du sujet et du greffon. Ces bourrelets, arrivés en contact, se soudent d'abord, puis se consolident par la formation d'éléments fibrovasculaires qui, quoique se développant irrégulièrement, établissent la continuité parfaite entre le sujet et le greffon.

Une véritable écorce va revêtir ensuite les jeunes couches ligneuses et l'accroissement reprend à partir de ce moment sa marche ordinaire.

1. Link, *Recherches sur l'accroissement végétal et la greffe* (Annales des Sciences naturelles, tome XIV, p. 25, 1850).

2. Trécul, *Accroissement des végétaux ligneux* (Ann. des sciences nat., t. XIX, 1853; *Production du bois par l'écorce des arbres dicotylédonés* (ibid., t. XIX, 1853); *Nouvelles observations relatives à l'accroissement* (ibid., t. XX, 1853; *Formation des vaisseaux au-dessous des bourgeons* (ibid., t. I, 1851); *Théorie de la greffe* (Revue horticole, octobre 1853).

L'auteur admet que le bois peut repasser à l'état de tissu formateur, et il donne des dessins à l'appui de cette manière de voir.

Les travaux de Trécul ont été l'objet d'attaques très vives de la part de Schumann[1], qui a nié l'exactitude des dessins même. Malgré ces critiques, on a adopté la plupart des vues de l'anatomiste français, sauf la production de tissus nouveaux par le bois, qui est manifestement inexacte.

Depuis Trécul, divers auteurs se sont occupés d'une façon générale des questions de cicatrisation qui ont un rapport si direct avec la greffe. Je me contenterai de donner en note la liste de leurs ouvrages[2], en en résumant les traits principaux, dans ce qu'ils ont de commun avec la greffe.

Il y a deux procédés généraux de cicatrisation dans les plantes :

1° Les cellules directement atteintes par la section meurent et souvent aussi les cellules voisines. C'est une simple *dessiccation* de tissus, sans régénération par formation de tissus nouveaux (feuilles de *Leucoïum*, d'Orchidées, etc.)

2° La cicatrisation est une régénération circonscrite réunissant les tissus vivants et protégeant les tissus morts.

Dans ce cas, il se forme un liège de cicatrisation plus ou moins développé qui provient des couches génératrices externes ou internes de la plante.

Il peut se faire que la cicatrisation soit accompagnée d'un bourrelet (plantes ligneuses principalement) ou bien

1. Schumann, *Dickenwachstum und cambium*, Gœrlitz, 1873.

2. Arloing, *Recherches anatomiques sur le bouturage des Cactées* (Ann. des sciences nat. 1876). — Crüger, *Botanische Zeitung*, 1860. — Pranlt, *Untersuchungen über die Regeneration des Vegetations punktes* (Arbeiten des bot. Instituts in Würtzburg, I, 1874). — Stoll, *Ueber die Bildung des Kallus bei Stecklingen* (Bot. Zeitung, 1874). — Kny, *Verdoppelung des Jahresrings* (Sitzungsber. der Gessel. naturf Freund, Berlin, 1877). — Beinling, *Cohn's Reitrage*, III, 1879. — Bretfeld, *Ueber Vernarbung und Blattfall* (Jahrbucher für viss. Botanik, XII, 1880). — Franck, *Die Krankheiten der Pflanzen*, p. 96, Breslau, 1880.

que ce bourrelet ne se produise pas (plantes herbacées surtout).

La plupart des travaux sur la greffe que je viens d'analyser, à part celui de Turpin et quelque peu celui de Decaisne, ont tous le même défaut, bien que beaucoup aient une très réelle valeur.

Leurs auteurs ont examiné presque toujours des greffes soudées depuis longtemps, sans se préoccuper d'en étudier le développement, quoique l'on eût constaté depuis long-temps toute l'importance de cette étude dans le domaine de la botanique comme dans celui de la zoologie.

Les premières études un peu complètes sur le développement de la greffe herbacée ont été entreprises simultanément, il y a une dizaine d'années, en France et en Allemagne.

En Allemagne, Vöchting[1], dans un long mémoire, a publié en 1892 les résultats obtenus par lui. Je n'ai à m'occuper ici que des parties de cet ouvrage concernant l'anatomie.

Outre la constatation de divers détails histologiques nouveaux, l'ouvrage renferme des données originales sur la polarité des cellules, théorie formulée déjà depuis un certain temps par le professeur allemand.

D'après Vöchting, chaque cellule possède des pôles, c'est-à-dire *une droite* et *une gauche*, comme aussi *un haut* et *un bas*, qui diffèrent les uns des autres. C'est ce qui constitue la *polarité longitudinale* et la *polarité radiale*.

Les expériences de Vöchting sur la greffe sont théoriques surtout, et elles ont été combinées principalement en vue de vérifier l'existence de cette double polarité.

Des morceaux de tubercules (Betterave, Chou-Rave) ont été placés par lui dans les positions normale et renversée ;

1. H. Vöchting, *Ueber Transplantation*, Tubingen, 1892.

ils ont été tournés de droite à gauche et réciproquement.

Or, l'union ne s'est bien faite que dans les cas où chaque partie inférieure d'une cellule s'est trouvée en contact avec la face supérieure d'une autre cellule, et où la moitié droite d'une cellule coïncidait avec la moitié gauche de la cellule voisine.

De là cette loi, formulée par le professeur allemand : Entre deux cellules, *les pôles de même nom s'attirent et les pôles de nom contraire se repoussent.*

Lorsqu'il s'agit de pôles de nom contraire, les cellules semblent s'attirer : elles s'aplatissent l'une contre l'autre par leurs faces en contact et se collent ensemble.

Dans le cas inverse, elles semblent se repousser et restent alors convexes et indépendantes.

Cette polarité est bien nette évidemment dans certains cas, et si vraiment elle était aussi marquée et aussi générale que le pense Vöchting, elle aurait une importance considérable, même dans la pratique du greffage.

Or, elle me paraît concorder quelquefois assez peu avec la réalité des faits ; par exemple, dans la greffe en approche, les greffes en travers des Japonais, les greffes renversées et même la greffe en fente.

Dans la greffe en approche ordinaire, les cellules du sujet et du greffon ont leurs pôles latéraux de même nom en regard, et pourtant on sait qu'elles reprennent avec la plus grande facilité. Dans les greffes en travers, les polarités longitudinale et radiale ne sont nullement observées, et pourtant les Japonais réussissent fort bien ces greffes. Enfin, depuis longtemps, on a fait des greffes renversées où les deux portions que l'on réunit sont en regard par leurs pôles de même nom.

Dans la pratique de la greffe en fente, on ne se préoccupe guère de mettre en regard les pôles différents des cellules, puisque l'on ne note jamais la disposition du greffon sur l'arbre-étalon.

Ainsi le plus souvent la polarité radiale n'est pas observée, et cependant l'on a bien rarement un insuccès[1].

Il y a donc lieu de faire, jusqu'à nouvel ordre, des réserves sur la question de polarité absolue des cellules dans la greffe végétale, et le rôle que cette polarité joue dans la reprise demande à être précisé davantage.

Les expériences très intéressantes de Vöchting ont d'ailleurs porté sur un assez petit nombre de plantes : Betterave, Chou-rave et quelques plantes ligneuses. Dans ces conditions, il est possible, qu'en opérant sur un nombre plus considérable de végétaux, on arrive à des résultats tout différents.

Je bornerai là ce long exposé des principaux résultats obtenus par Vöchting et je ne ferai que signaler en passant la distinction qu'il établit entre les *unions harmoniques* et *les unions inharmoniques*.

Dans les premières, la croissance des deux associés est parfaite ; dans les secondes, la soudure est imparfaite et produit un retard d'accroissement, un affaiblissement de coloration, un état maladif des tissus.

C'est en 1891, un an environ avant l'apparition du grand mémoire de Vöchting, que j'ai publié[2] ma première communication à l'Académie des Sciences, sur divers faits ana-

---

1. Une semblable polarité ne paraît pas exister non plus dans certaines greffes animales.

Paul Bert, dans une expérience assez facile à répéter d'ailleurs, ayant soudé l'extrémité de la queue d'un rat au dos de cet animal en incisant les deux parties et les maintenant en contact, constata après soudure faite, que l'organe continuait à vivre comme par le passé. Mais le plus curieux, c'est que le bout coupé de la queue était resté sensible ; donc les connexions nerveuses étaient rétablies, malgré leur interversion.

(Paul Bert, *Recherches expérimentales pour servir à l'histoire de la vitalité propre des tissus animaux*, Paris, 1866.)

2. L. Daniel, *Sur la greffe des parties souterraines des plantes* (Comptes rendus de l'Académie des Sciences, 21 septembre 1891.)

tomiques que j'avais observés dans la greffe des parties souterraines des plantes.

J'ignorais alors que Vöchting s'occupait du même sujet. C'est d'ailleurs à un point de vue tout différent que je m'étais placé en commençant mes recherches sur la greffe.

Tandis que Vöchting recherchait jusqu'à quel point un organe (greffon) peut être transplanté sur une plante (sujet ou porte-greffe) dans une direction et une orientation de tissus différentes de celles qu'il avait avant l'opération, j'ai recherché dans quelles limites les végétaux peuvent se souder en conservant l'orientation originelle de leurs tissus.

Dans ces conditions, les travaux de Vöchting et les miens se contrôlent et se complètent mutuellement : c'est, en dehors de la question de priorité pour certaines découvertes que j'ai publiées le premier et des données nouvelles qu'il contient, une raison d'être du nouveau Mémoire que je publie ici.

Depuis l'apparition de ma Note à l'Académie des sciences, M. L. de Roussen a, dans la pratique, confirmé sur les greffes de la Vigne divers résultats que j'avais signalés dans les greffes des racines, en particulier le rôle très curieux joué par la moelle dans la reprise[1].

Enfin, en 1894, Vöchting, poursuivant ses recherches sur la greffe[2], est revenu sur une question déjà abordée par lui dans ses travaux précédents, celle des influences spécifiques entre le sujet et le porte-greffe ou greffon.

Incidemment il soulève quelques problèmes dont la solution dépend à la fois de l'anatomie et de la physiologie. Telle est la nature des productions formées au niveau de la greffe et de la tuberculisation consécutive que l'auteur

---

1. L. DE ROUSSEN, *La Greffe par la Moelle* (Journal d'Agriculture pratique, p. 205, 1894).

2. VÖCHTING, *Ueber die durch Pfropfen herbeiführte Symbiose Helianthus tuberosus und H. annuus* (Sitzungsber. Königl. preuss. Akad. d. Wiss. Math. Phys. Classe, 12 Juli 1894).

n'admet pas, ou dans laquelle il ne voit aucune influence
du greffon sur le sujet.

Je discuterai ces conclusions de Vöchting au moment
où, dans le présent travail, j'aborderai l'étude anatomique
des greffes de plantes tuberculeuses.

ÉTUDE ANATOMIQUE SUR LA SOUDURE DANS LA GREFFE

I

LA SOUDURE, DANS LA GREFFE, EST UNE RÉGÉNÉRATION CIRCONSCRITE, ET COMPREND DEUX PHASES PRINCIPALES.

Dans tous les modes de greffage, quels qu'ils soient, on met en présence une plante *blessée* (greffon) et une autre plante *blessée* (sujet ou porte-greffe).

Ces deux plantes cicatrisent leurs plaies par les procédés ordinaires de la régénération circonscrite, puisque les plaies n'intéressent que des régions limitées des organes.

Mais cette régénération, pour qu'il y ait greffe, c'est-à-dire soudure intime des deux plantes, doit *se faire en commun*. Un certain nombre de conditions spéciales sont donc nécessaires pour que l'union puisse s'effectuer avec succès.

D'une façon générale, on peut dire que ces conditions sont au nombre de deux :

1° Il est nécessaire que, pendant toute la durée de la cicatrisation, l'on règle les conditions extérieures de milieu de telle façon que la vie du greffon ne soit pas compromise ;

2° Il faut que l'on fasse toujours coïncider des tissus d'espèces histologique et biologique aussi semblables que possible, en particulier les couches génératrices.

La première condition est fondamentale. La seconde est évidemment, quoi qu'on en ait dit, moins absolue ainsi que je le démontrerai par la suite de cette étude.

La reprise complète d'une greffe comprend, au point de vue anatomique, deux séries de phénomènes bien distincs.

Les *premiers* ont pour résultat de réaliser dès le début le contact aussi parfait que possible des surfaces simplement juxtaposées dans l'opération de la greffe, c'est-à-dire de souder déjà plus ou moins intimement les deux plantes.

Ce contact s'établit soit par *l'accolement direct des tissus,* fig. 7, 8, 12 et fig. 2, pl. I, soit *à l'aide de méristèmes locaux,* fig. 8 et fig. 2, pl. I.

J'ai désigné cette première phase, à cause de son caractère même, sous le nom d'UNION PROVISOIRE : elle a pour but essentiel de permettre le plus vite possible le passage de la sève brute du sujet dans le greffon, et d'assurer ainsi l'existence de celui-ci jusqu'à ce que la deuxième phase commence.

Les *seconds* ont pour effet de produire, par le *fonctionnement* des couches génératrices ordinaires cg et cg', fig. 8 des tissus conducteurs nouveaux qui soient en continuité directe dans le greffon et le sujet. Ce sont ces tissus conducteurs seuls qui, dans toute greffe réussie, réalisent l'UNION DÉFINITIVE ou deuxième phase.

La première phase est très facile à observer. Il est en effet fort rare que deux plantes quelconques, greffées en temps opportun, ne se soudent pas, au moins pour quelques jours.

Il en est cependant ainsi dans les Cryptogames. Bien que l'on trouve assez fréquemment chez certaines d'entre elles des phénomènes de concrescence (Champignons, par exemple), je n'ai pu parvenir à souder aucun de leurs organes par n'importe quel procédé de greffage, ou même de fente-coupure (entaille longitudinale ou transversale dont on maintient les lèvres rapprochées à l'aide d'une ligature). J'ai surtout opéré sur les Fougères[1], fig. 1 et 2.

Fig. 1. — Double greffe en approche pratiquée à des niveaux différents entre deux jeunes pétioles des frondes de la Fougère mâle. (Polystichum Filix-mas Roth.)

Fig. 2. — Fente-coupure pratiquée sur un très jeune pétiole de Fougère mâle.

Mais presque toutes les Monocotylédones et les Dicotylédones au contraire s'accolent provisoirement avec une grande facilité.

Je suis parvenu ainsi à souder entre elles des plantes tuberculeuses extrêmement différentes tant au point de vue de la structure (Carotte, plante monostélique des terrains secs, sur le tubercule de l'*Œnanthe crocata*, plante polystélique des terrains humides) que de la position systématique

1. On sait que dans ces plantes la chute des feuilles s'opère par une simple dessiccation des tissus. Dès l'instant qu'il n'y a pas en général de régénération, la greffe est impossible, et même la soudure du début (union provisoire).

(*Reseda luteola* sur *Lychnis*, etc.) ou des produits de la sève élaborée (Chou sur *Helleborus fœtidus*, etc.).

Mais cette soudure première n'implique nullement la réussite définitive de la greffe, bien qu'elle dure parfois longtemps, surtout en hiver où la végétation est moins active, et que l'on ne puisse assez souvent séparer le sujet du greffon sans provoquer des déchirures.

Beaucoup de greffes entre plantes de familles éloignées ne dépassent pas la première phase.

D'une façon générale, une greffe n'est réussie qu'après la seconde phase. Encore n'est-ce pas absolu, car quelques greffes franchissent parfois cette phase et périssent plus tard pour des raisons indépendantes de la cicatrisation des tissus.

PREMIÈRE PHASE. — **Union provisoire**.

Dans l'Union provisoire, il y a deux cas à considérer : ou bien les tissus divers du sujet et du greffon ont été placés par le greffeur de telle façon qu'ils se correspondent exactement ;

Ou bien les tissus ont été placés d'une façon quelconque.

Le second cas est évidemment de beaucoup le plus fréquent, quoique le procédé soit moins parfait.

Mais on peut réaliser le premier, soit

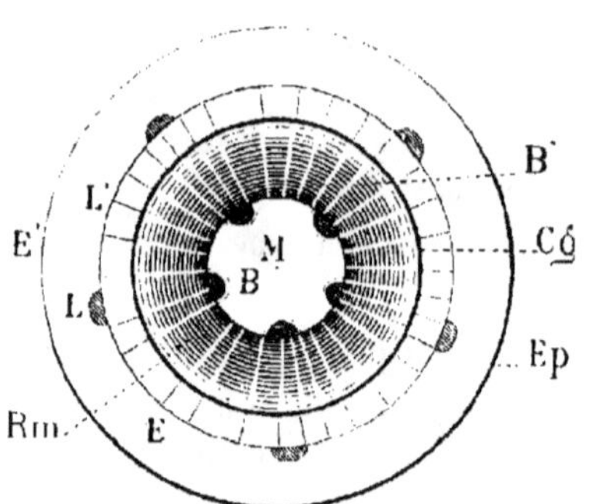

Fig. 3. — Coupe transversale schématique d'une tige de Dicotylédone ligneuse, avant d'y avoir pratiqué la greffe en fente : M, moelle ; B, bois primaire ; B' bois secondaire ; L, liber primaire ; L, liber secondaire ; Rm, rayons médullaires ; Cg, couche génératrice interne ; E, écorce interne ; E' écorce externe ; Ep, épiderme.

en vue d'une expérience scientifique (fentes-coupures, etc.) soit dans la pratique (greffes herbacées, et aussi greffes ligneuses sur germinations ou sur jeunes scions d'un an).

Ce premier cas est le plus simple et le plus facile à expliquer. C'est par lui que je vais commencer, en supposant qu'il s'agit de la greffe en fente d'une Dicotylédone, fig. 3.

Premier Cas. — Les tissus du sujet et du greffon correspondent très exactement.

Dans les Monocotylédones (fig. 8) et les Dicotylédones (fig. 4), la structure étant différente, la disposition des

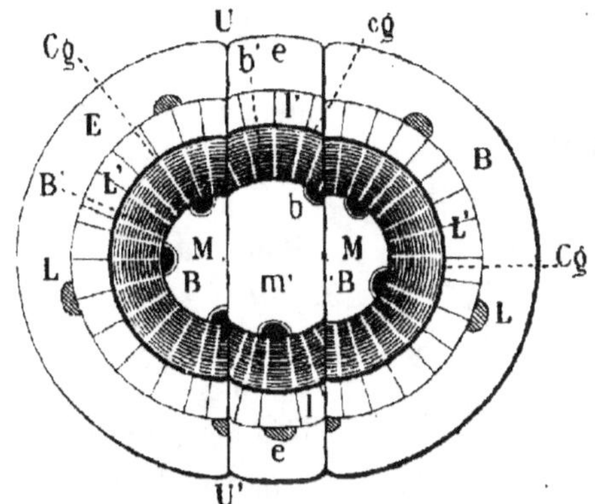

Fig. 4. — Coupe schématique de la Greffe en fente d'une Dicotylédone ligneuse âgée d'un an, et dans laquelle les divers tissus offrent le maximum de concordance. m, moelle; b, bois primaire; l, liber primaire; l', liber secondaire; cg. couche génératrice, e, écorce du greffon.

M, B, B', L, L', Cg, E, parties correspondantes du sujet ou porte-greffe. U, U', ligne d'union du sujet et du greffon.

tissus dans la greffe achevée ne se ressemble pas, mais le procédé général d'union n'est pas modifié. Il n'y a donc pas lieu de s'arrêter ici sur ces différences. D'après les nombreuses observations sur une quantité considérable de greffes bizarres que j'ai tentées avec plus ou moins de succès, les phénomènes qui se passent dans l'Union provisoire peuvent eux-mêmes se classer en trois stades, qu'il s'agisse de plantes monocotylédones ou de plantes dicotylédones :

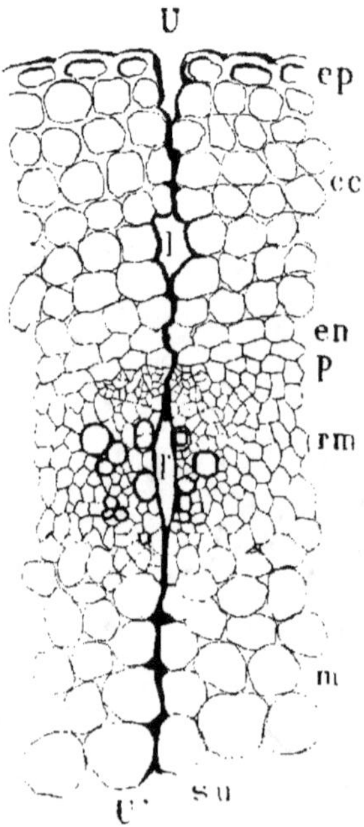

Fig. 5. — Coupe schématisée transversale, d'une greffe en fente herbacée après plusieurs jours de greffe. La ligne d'union U', U″ présente des boutonnières l, l', situées dans des régions variables : ep, épiderme; cc, couches corticales; en, endoderme; p, péricycle; rm, rayons médullaires; m, parenchyme de la moelle; su, la ligne irrégulière de substance unissante.

1° Les deux plantes greffées se réunissent à l'aide d'une substance que j'appelle la substance réunissante (1ᵉʳ stade).

2° La substance réunissante se résorbe partiellement ou totalement (2° stade).

3° Des méristèmes locaux, médullaires ou corticaux, rendent l'union plus intime encore (3ᵉ stade).

PREMIER STADE.— *Accolement du sujet et du greffon à l'aide de la substance réunissante.* — Quelques heures après le greffage, le contenu des cellules entamées dans l'opération s'est répandu dans les interstices qui se trouvent entre le sujet et le greffon, et se mêle aux produits d'exosmose des cellules voisines de la plaie et aux membranes des cellules déchirées par le greffoir.

Tout cela se transforme à la longue en une substance de composition éminemment variable, brunâtre, épaisse, qui se solidifie assez rapide-

ment et opère ainsi la première réunion des surfaces juxtaposées.

J'ai désigné cette matière, quelle qu'en soit la nature,
sous le nom de *substance réunissante.*

La coupe transversale d'une greffe en fente herbacée,
fig. 6, par exemple, présente alors, au microscope, l'aspect
que représente la fig. 5.

Les sujets et le greffon sont réunis de chaque côté par
une ligne irrégulière de couleur foncée dont l'épaisseur est
plus ou moins grande suivant que le contact a été plus ou
moins imparfait.

Quand l'opération a été faite habilement avec un instrument bien tranchant, il arrive parfois que les vaisseaux du
sujet et du greffon sont en contact très intime, sur une
portion variable de leur étendue.

Dans ce cas, ils s'accolent, soit longitudinalement, soit
un peu obliquement, et la trace de la soudure est à peine
visible, à cause du peu de substance réunissante qui les
sépare : on croirait être en présence des vaisseaux d'un
même faisceau. Ces conditions spéciales assurent alors le
passage plus rapide de la sève brute. Mais, il est rare que
la plaie se présente avec cette netteté et que l'opération
soit faite avec cette précision.

Quand, par suite de la maladresse de l'opérateur ou de
l'imperfection de son outillage, les plaies restent trop
éloignées l'une de l'autre, la substance réunissante est
insuffisante pour remplir tout l'intervalle et la ligne d'union
UU', quoique continue, présente çà et là des sortes de boutonnières très irrégulières et d'étendue fort variable, suivant
les cas (*l*, fig. 6).

Ainsi ces boutonnières sont assez peu marquées dans
les greffes herbacées, où les tissus, assez tendres, se com-
priment et se réunissent facilement sous l'influence de la
pression exercée par la ligature que l'on est obligé de faire
pour maintenir les plaies en contact, fig. 6.

Elles sont au contraire énormes dans les greffes ligneuses, à cause de l'imperfection forcée de la préparation du sujet que l'on fend à l'aide d'un coin. La pression exercée par l'élasticité des deux lèvres de la fente du sujet porte sur des tissus ligneux fort durs, qui s'opposent à un rapprochement intime des parties herbacées, les plus actives à ce stade, puisque ce sont les seules vivantes.

La substance réunissante se colore en rouge sous l'influence de la fuchsine ammoniacale, et assez souvent aussi en vert, sous l'action du vert d'iode.

Ces réactions qui lui sont communes avec le tissu ligneux (bois) ou le tissu subéreux (liège) pourraient faire croire à l'existence d'un dépôt rapide de lignine ou de subérine, consécutif à la cicatrisation, et se produisant dans le but d'arrêter la perte des sèves par la blessure.

Fig. 6. — Greffe en fente de Chou. Le sujet S et le greffon C sont de même grosseur : xy, niveau de la coupe transversale. (D'après nature.)

Mais il n'en est rien. La substance réunissante possède des propriétés particulières qui la différencient de suite.

C'est ainsi qu'elle se contracte bien plus rapidement que le bois ou le liège quand on la place dans l'alcool ou quand on l'expose à l'air libre.

Des greffes que l'on jette quelques minutes dans l'alcool à 90° ou que l'on expose quelques heures à l'air libre, au soleil, se décollent complètement par le retrait de la substance unissante, même lorsqu'elles sont faites depuis cinq à six jours.

C'est en grande partie la raison pour laquelle on est obligé de maintenir les parties opérées suffisamment humides, principalement au début de la greffe herbacée, nécessité constatée depuis longtemps sans qu'on en ait donné jusqu'ici une explication suffisante[1].

Si la substance unissante se dessèche rapidement, elle absorbe tout aussi facilement l'humidité, et se laisse également traverser par les liquides.

C'est grâce à cette perméabilité que la sève brute du sujet peut passer, en partie du moins, dans le greffon; celui-ci compense ainsi quelque peu les pertes en eau qu'il subit sous l'influence de la transpiration, surtout dans la greffe herbacée.

A ce moment, en effet, ainsi que je l'ai démontré par mes expériences sur la transpiration de la greffe herbacée[2], le greffon transpire proportionnellement à sa surface et suivant les conditions du milieu dans lequel il se trouve placé.

Mais comme la sève brute passe très difficilement, au début, à cause de la section des vaisseaux et de l'éloignement de leurs extrémités béantes, le greffon perd plus d'eau qu'il n'en reçoit.

En vain il diminue sa surface, replie ses feuilles et met par là même ses jeunes pousses à l'abri de la lumière; la transpiration prédomine sur l'absorption et se fait alors aux dépens de l'eau contenue dans les éléments mêmes du greffon qui se fane de plus en plus.

La mort arriverait fatalement si l'écart entre la transpiration et l'absorption dépassait certaines limites en rapport avec la carnosité de la plante.

C'est là qu'intervient le greffeur habile qui sait combiner

1. Consulter les agronomes grecs et latins, en particulier Théophraste, Pline, etc., qui recommandent de faire tomber constamment des gouttes d'eau sur la poupée de la greffe. Ces prescriptions se retrouvent dans divers auteurs du moyen-âge.

2. Voir : L. Daniel, *De la transpiration dans la greffe herbacée* (Comptes rendus de l'académie des Sciences, 30 avril 1892). — *Recherches morphologiques et physiologiques sur la greffe* (Revue générale de Botanique, janvier et février 1894).

les conditions du milieu extérieur de façon à ce que ces
limites ne soient jamais dépassées.

Et il est puissamment secondé dans cette tâche par la
perméabilité et les propriétés hygrométriques de la substance réunissante.

Certaines greffes, parmi celles dont la reprise est ma-
tériellement impossible, peuvent vivre longtemps à ce
stade :

Telles sont celles des rhizômes de Muguet placés sur eux-
mêmes, etc.

Mais la plupart des autres greffes entre Monocotylédones
ou entre Dicotylédones diverses qui doivent s'arrêter à ce
premier stade de la reprise, vivent en général peu de
temps ; sujet et greffon ne tardent pas à périr tous les deux
à la fois.

Telles sont, par exemple, dans les Monocotylédones, les
greffes de diverses Graminées, et en particulier celles du
Bambou.

J'avais opéré, au printemps, sur des tiges de Bambou à
l'état *très jeune*, à l'état *jeune* et à l'état *adulte*. J'avais
employé divers procédés de greffage : un certain nombre
de ces tiges avaient été greffées en approche, d'autres en
placage, c'est-à-dire que j'avais enlevé une plaque munie
d'un œil que j'avais remise en place et solidement ligaturée
ensuite. Enfin j'avais fait des fentes-coupures horizontales et
transversales à des profondeurs différentes, de façon à intéresser les divers tissus. Quelques-unes seulement de ces fentes-coupures atteignaient la lacune centrale de la tige.

Il est bien entendu que chaque greffe ou fente-coupure
portait sur une tige spéciale, afin de pouvoir en observer
les résultats séparément.

Dans toutes les greffes proprement dites, le premier stade
de la cicatrisation que je viens de décrire a été à peine
marqué, la pourriture des parties opérées est arriveé rapi-

dement, et la nécrose s'est étendue à la tige entière, cela d'autant plus vite que la tige était elle-même plus jeune.

Dans les fentes-coupures, le premier stade était en général plus net; toutefois, au bout d'une dizaine de jours, la pourriture a fini par se produire comme précédemment.

Les mêmes résultats m'ont été fournis par le Maïs, etc.

Dans les *Ruscus* (*R. aculeatus* et Laurier alexandrin), il se produit une simple dessiccation, et la tige continue à se développer, que la fente-coupure soit latérale ou terminale. Le premier stade est toujours à peine marqué.

On observe des faits analogues à la pourriture des Graminées dans certaines Dicotylédones quand les plantes associées par la greffe contiennent dans leurs tissus des substances qui réagissent chimiquement les unes sur les autres ou possèdent une action physiologique délétère sur leurs tissus respectifs.

Il se produit alors une mort rapide, soit du sujet, soit du greffon, soit des deux plantes à la fois.

On peut citer, parmi les greffes qui se comportent ainsi, celles de Laitue (*Lactuca scariola*) sur grande Eclaire (*Chelidonium majus*); de Bardane (*Lappa major*) sur Salsifis (*Tragopogon porrifolius*) et Scorzonère (*Scorzonera hispanica*), et vice-versa, etc.

DEUXIÈME STADE. — Résorption partielle de la substance unissante. — Quand la greffe doit dépasser ce premier stade, il se fait par places, au bout de quelques jours, une résorption de la substance unissante.

C'est par les endroits où le contact a été plus parfait, et où par conséquent l'épaisseur de cette substance est la moindre, que débute cette disparition.

Dans ces points, les membranes des cellules finissent par se trouver en contact direct et s'accolent si intimement qu'on ne distingue plus leur soudure que par une épaisseur plus grande de la membrane commune.

Au lieu d'une ligne continue, on aperçoit alors, à un grossissement même assez faible, une série de traits bruns, irréguliers, séparés par des intervalles variés incolores, où la substance réunissante est entièrement résorbée, fig. 7, 8 et 12, et fig. 2, planche I.

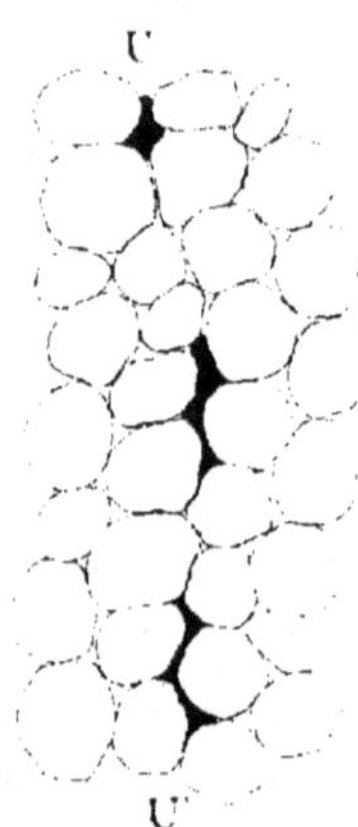

Fig. 7. — Portion de la ligne d'union UU' dans la greffe en fente herbacée après la résorption partielle de la substance unissante.

A partir de ce moment, on peut dire *qu'il y a une communication directe entre le sujet et le greffon*, sans que la soudure puisse résister encore à une dessiccation rapide ou à l'action de l'alcool. Le greffon se détache plus difficilement qu'au premier stade, mais sans provoquer cependant des déchirures (Oseille greffée sur la Betterave, racines sur racines, etc.).

Un très grand nombre de greffes, même quelques-unes effectuées entre genres voisins, arrivent à ce deuxième stade, sans pouvoir le franchir, c'est-à-dire sans produire de méristèmes, et cela sous l'influence de causes très diverses.

Je citerai au hasard les greffes de Muguet sur Sceau de Salomon, rhizôme sur rhizôme ; d'Hémérocalle sur *Alstrœmeria*, d'*Erodium cicutarium* sur *Geranium rotundifolium*, racine sur racine ; de Myosotis sur Vipérine[1], de Pensée sur Raiponce[2], tige sur racine ; celles de Salsifis et de Scor-

1. L'insuccès de ces greffes et l'absence de méristèmes sont dus à ce que la greffe avait été faite au moment de la transplantation. Beaucoup de greffes résistent à cette double secousse, quand d'autres succombent.

2. Le greffon, trop tendre, n'a pu supporter la pression causée par la ligature et s'est écrasé à la longue. Bien des greffes herbacées sont ainsi rendues presque impossibles par le peu de dureté des tissus. Tiges de Trèfles sur tiges de *Medicago maculata,* etc. .

zonères, racine sur racine, faites au moment des grands froids, etc.

Il faut remarquer en outre que certaines greffes subsistent assez longtemps à cet état sans périr (Greffes effectuées pendant l'hiver par exemple):

La durée du deuxième stade paraît être en rapport avec le degré de carnosité de la plante. Il dure, le premier stade compris, quatre à sept jours dans les divers Haricots et dans les Légumineuses alimentaires; il dure trois à quatre semaines dans les greffes des diverses variétés de choux laissées à l'air libre, et une douzaine de jours seulement si on place ces greffes sous cloche.

Enfin il peut se prolonger jusqu'à six à sept semaines dans le Lis et quelques Monocotylédones voisines.

TROISIÈME STADE.— *Fonctionnement des méristèmes locaux.* — Quelque tranchant que soit le greffoir et quelle que soit l'habileté de l'opérateur, il est presque impossible que le contact entre les deux plantes juxtaposées soit assez parfait pour qu'il ne se forme aucune des boutonnières dont j'ai parlé plus haut ll', fig. 5.

Que deviennent ces boutonnières dont les lèvres sont plus ou moins revêtues d'une couche de substance réunissante ?

Les choses se passent de diverses manières suivant la grandeur de ces cavités et leur position par rapport aux tissus du sujet et du greffon.

Lorsqu'elles sont de très grande taille, comme il arrive dans les greffes ligneuses en fente, et dans certaines greffes herbacées faites avec des instruments peu tranchants, elles peuvent rester toujours béantes ou ne se combler qu'au moment de l'Union définitive.

Tout en étant de dimensions suffisamment petites pour être facilement remplies par les tissus de régénération, il peut arriver que les boutonnières restent encore béantes quand elles sont entourées de toutes parts par des tissus complètement morts ou ayant perdu alors la faculté de redevenir générateurs : bois, sclérenchyme, collenchyme, quelques moelles âgées et quelques parenchymes corticaux, par exemple.

Les parois de ces larges cavités arrivent même quelquefois à se nécroser dans la phase suivante, ce qui est toujours un accident fâcheux compromettant la durée de la greffe dans les végétaux ligneux et les végétaux semi-herbacés.

Lorsque au contraire les boutonnières, quelle que soit leur taille, sont situées au milieu de tissus jeunes ou susceptibles de le redevenir, comme le parenchyme libéroligneux, le parenchyme médullaire et plus rarement le parenchyme cortical[1], les cellules de bordure repassent à l'état de méristème à la fois dans le sujet et le greffon et les boutonnières se ferment alors rapidement.

Les cellules de ces méristèmes locaux s'avancent en effet les unes vers les autres ; la boutonnière se rétrécit de plus en plus ; les cellules nouvelles arrivent à se toucher bientôt, la mince couche de substance réunissante qui tapissait la boutonnière est résorbée ou persiste suivant que les cellules en contact sont compatibles ou incompatibles.

Dans le premier cas, l'union du sujet et du greffon est réalisée plus intimement encore que précédemment, au deuxième stade.

A ce moment, si l'on veut les séparer, on provoque toujours des déchirures plus ou moins étendues.

Jusqu'alors les parties externes blessées, restées au contact de l'air extérieur, laissaient échapper une partie de la

---

1. La question de la turgescence joue un grand rôle dans cette question relativement aux écorces ; certaines fentes-coupures ne peuvent réunir leurs écorces entamées autrement que par une production cambiale, car les lèvres de la plaie s'éloignent fortement aussitôt après la fente (*Anthirrinum majus, orontium*, etc.).

sève brute, pendant que la sève élaborée perdait par évaporation la plus grande partie de son eau, au grand détriment de la cicatrisation commune.

C'est au troisième stade que se forme du liège cortical, suivant les procédés ordinaires de cicatrisation, c'est-à-dire par des méristèmes locaux de l'écorce. La perte de la sève brute et l'évaporation de l'eau dans la sève élaborée se trouvent ainsi presque complètement arrêtées.

La majeure partie des greffes, même celles entre plantes de familles fort éloignées, arrive à ce troisième stade.

Parmi les greffes que j'ai faites, examinées ensuite au microscope et où j'ai constaté l'existence du troisième stade, je citerai :

Thlaspi sur Chou vert, tige sur tige, et Chou vert sur *Thlaspi ; Reseda luteola* sur *Lychnis dioïca,* racine sur racine ; Chou sur *Helleborus fœtidus,* tige sur tige ; *Reseda luteola* sur *Daucus Carota,* racine sur racine ; *Barbarea intermedia* sur *Lychnis dioïca,* racine sur racine ; *Pyrethrum Parthenium* sur *Lychnis,* tige sur racine ;Potentille quintefeuille sur Pissenlit, racine sur racine ; *Geranium dissectum* sur *Erodium cicutarium,* racine sur racine ; Mauve sur Chou, racine sur tige ; *Daucus Carota* sur *Alliaria officinalis,* racine sur racine ; Giroflée quarantaine sur Chou vert tige sur tige ; Carotte sur *Lactuca Scariola,* racine sur racine ; *Centaurea nigra* sur *Achillœa Millefolium,* tige sur tige ; Pois sur Haricot, tige sur tige (greffe des jeunes plantules peu après la germination) ; Fève sur Haricot, tige sur tige (approche) ; Lis blanc sur lui-même, tige sur tige ; *Saponaria officinalis* sur *Onothera biennis* (écusson) fig. 10 et 11 ; Épine blanche sur Rosier (placage) ; Cytise sur *Acacia* (écusson) ; Chêne et Châtaignier (approche) ; etc., etc.

J'ai observé le troisième stade dans les greffes en fente des Monocotylédones telles que le Lis et les *Canna,* mais encore dans des fentes-coupures longitudinales et transversales pratiquées sur des plantes de la famille des Liliacées et des familles voisines : *Lilium tigrinum,* Hémérocalle, Glaïeul, etc., fig. 8.

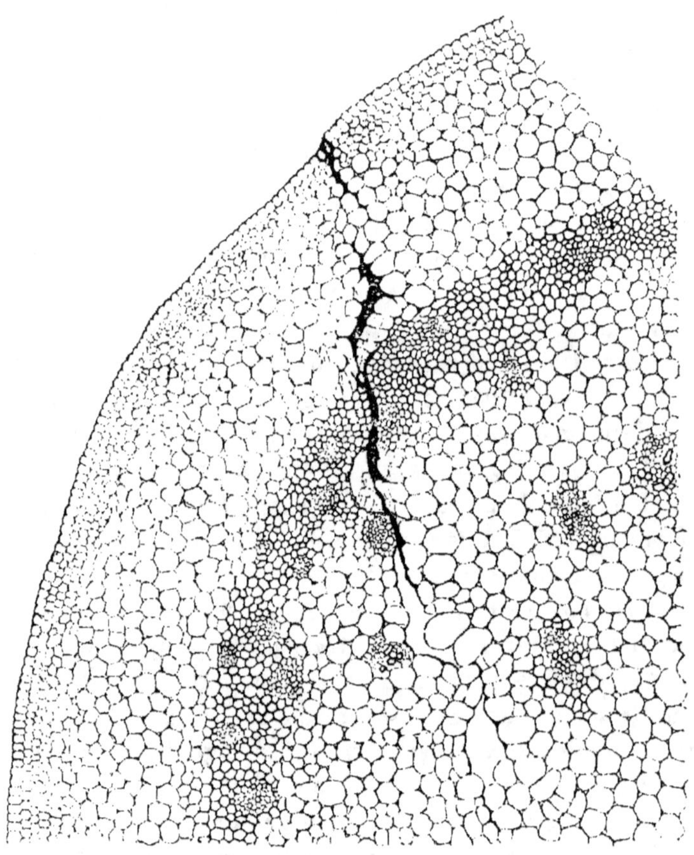

FIG. 8. — Coupe transversale d'un pédoncule floral d'Hémérocalle au niveau d'une fente-coupure, après la floraison de la plante. On aperçoit en noir les portions non résorbées de la substance unissante qui, au début, remplissait entièrement la ligne d'union dans les points en contact direct, et qui bordait des lacunes assez étendues dans la région centrale.
On voit sur cette coupe des méristèmes locaux qui ont comblé partiellement les boutonnières; on y remarque aussi des régions où la réunion des lèvres de la plaie s'est faite par l'accolement direct des tissus, suivi d'une résorption partielle de la substance unissante.

Je dois ajouter que dans les Monocotylédones dont la tige devient creuse de bonne heure, le troisième stade est peu marqué, car le tissu médullaire perd de très bonne heure ses propriétés vitales, et la soudure ne peut avoir lieu que par les bords de l'anneau qui seuls persistent à l'âge adulte.

A cause de la rapidité très grande avec laquelle le tissu médullaire se résorbe pour faire place à une lacune dans un certain nombre de Monocotylédones, il est impossible d'employer le moyen qui m'a si bien réussi pour greffer certaines Dicotylédones (Légumineuses, Labiées, etc.) à tiges adultes creuses, c'est-à-dire la greffe des plantules [1].

La présence de méristèmes dans le parenchyme des Monocotylédones que je viens de citer est intéressante, car elle infirme une fois pour toutes l'opinion admise jusqu'ici à l'égard des tissus de ces plantes que l'on considérait comme incapables de repasser à l'état de méristème [2].

Comme on le voit par les exemples que je viens de citer, il y a au moins des exceptions à cette règle.

Mais les trois stades que je viens de décrire se présentent-ils avec les mêmes caractères et la même intensité dans les divers procédés de greffage que l'on peut employer ?

Évidemment non.

Les greffes où ces phénomènes se produisent avec le plus de netteté sont les greffes herbacées en fente et en approche et les fentes-coupures herbacées.

Mais lorsqu'il s'agit de végétaux ligneux, où les tissus morts prédominent, la soudure à l'aide de la substance réunissante ne se fait guère qu'au niveau des couches génératrices. L'union provisoire est réduite à son minimum.

---

1. Voir : L. DANIEL, *Sur la greffe des plantes en voie de germination* (Comptes rendus de l'Association française pour l'avancement des sciences, Congrès de Pau, 1892).

2. FIGDOR, *Experimentelle und histologische studien über die Erscheinung der Verwachnung im Pflanzenvreiche,* Wien, 1891.

Il est bien entendu que les greffes faites sur les végétaux ligneux au moment où ils sont encore à l'état herbacé se comportent comme s'il s'agissait des plantes herbacées proprement dites.

Enfin dans la greffe en écusson, l'union provisoire est très marquée, mais généralement de courte durée.

L'opération se fait dans un tissu en pleine activité ; le passage à la deuxième phase s'opère avec le maximum de rapidité, mais sans faire pour cela disparaître entièrement les vestiges de la première phase qui persistent parfois fort longtemps (écusson du Rosier, par exemple, fig. 17 et pl. II).

2° Cas. — Les tissus du sujet et du greffon ne se correspondent pas.

Jusqu'ici j'ai étudié l'union provisoire en supposant que les tissus se correspondent exactement dans le sujet et dans le greffon.

Ce cas est le moins fréquent, puisque en général le greffon est plus petit que le sujet.

Dès lors, suivant chaque espèce de greffe et suivant les hasards de l'opération ou les caprices de l'opérateur, les tissus les plus divers peuvent se trouver en contact : bois, liber, parenchymes libéroligneux, médullaire ou cortical, sclérenchyme, etc.

Mais quelles que soient les dispositions de ces tissus, l'union provisoire avec ses trois stades se produira quand même. Seulement l'accolement direct, au lieu de se faire entre tissus homogènes, se fera entre tissus hétérogènes, et les méristèmes locaux, quoique d'origine variée, pourront se rencontrer entre eux ou s'accoler aux tissus morts.

Des exemples de tous les cas possibles m'ont été fournis par les diverses greffes dont j'ai déjà parlé.

Parmi les plus curieux, je citerai, pour le premier stade, la greffe de certaines Conifères (*Epicea* et *Cedrus Deodora*) sur tubercule de Pomme de terre.

J'avais opéré en avril, à œil poussant. Les greffons, aussi herbacés que possible, avaient été détachés avec talon et insérés dans un tubercule, puis on avait mastiqué avec soin. Les pousses des tubercules étaient supprimées au fur et à mesure de leur apparition.

Non seulement dans bon nombre d'échantillons les greffons se maintinrent verts jusqu'en août, mais ils avaient acquis la taille, l'aspect et la dureté des pousses de même nature qui s'étaient développées sur l'arbre lui-même, tandis que des greffes à œil poussant, faites à la même époque sur des Conifères de la même espèce que le greffon, s'étaient toutes desséchées.

Ce curieux développement n'a pu se faire qu'à l'aide des réserves contenues dans le tubercule-sujet, réserves qui ont été partiellement digérées par le greffon.

C'est ce que confirme nettement l'examen microscopique des diverses régions du tubercule. Dans toutes les parties situées à un centimètre environ du talon du greffon, l'amidon est peu abondant. A partir de là, les grains d'amidon augmentent en nombre et finalement se trouvent en très grande quantité dans toutes les parties du tubercule qui ont été soustraites à l'influence du greffon.

Ces différences sont tellement tranchées qu'elles apparaissent même à l'œil nu sur les coupes minces du tubercule, après une action de quelques minutes de la teinture d'iode.

Mais il n'y a eu, au point de vue de la soudure, ni résorption de la substance unissante, ni formation de méristèmes locaux.

Dans la greffe de la tige de Chou vert sur la racine de la Mauve on peut observer une différence de structure très remarquable entre le sujet et le greffon. Tandis que le

Chou présente une moelle très abondante et très développée, la racine de *Malva Sylvestris* est absolument ligneuse et sa moelle est fort réduite. Il était intéressant de voir comment des plantes aussi différentes pouvaient se comporter.

Or, on voit sur des coupes transversales, fig. 1 et 2, pl. I, ou longitudinales de cette greffe des méristèmes produits par la moelle du Chou qui viennent s'unir aux méristèmes formés par les rayons médullaires de la Mauve.

Cette coupe est intéressante à d'autres points de vue.

On y voit d'abord une déformation marquée des régions libériennes et corticales qui montre que l'exfoliation péridermique profonde ne va pas tarder à se produire dans la racine de la Mauve-sujet.

La moelle du Chou greffon n'a pas encore formé ses lacunes, et les tissus ligneux secondaires sont sur le point de produire des racines adventives par l'affranchissement de la plante.

Dans d'autres régions, on aperçoit le commencement de la séparation des deux plantes; le liège de cicatrisation apparaît.

La tige jeune du *Faba vulgaris*, greffée en approche sur une tige de même âge de *Pisum sativum* est un excellent exemple de l'union directe des écorces, de la soudure de l'écorce avec des méristèmes libériens, et inversement du liber avec un méristème cortical.

Une coupe transversale d'une greffe d'Hellébore sur Chou cabus, montre la soudure du bois et de la moelle, du bois et des méristèmes médullaires, etc.

Dans toutes ces greffes, on peut observer un premier et un deuxième stade très nets, sous ce rapport, rien d'essentiel n'est modifié dans le mode général de la reprise et de la cicatrisation que j'ai établi au début. La substance réunissante, quand elle est assez abondante, rejoint indifféremment tous les tissus.

T. Rezür del.

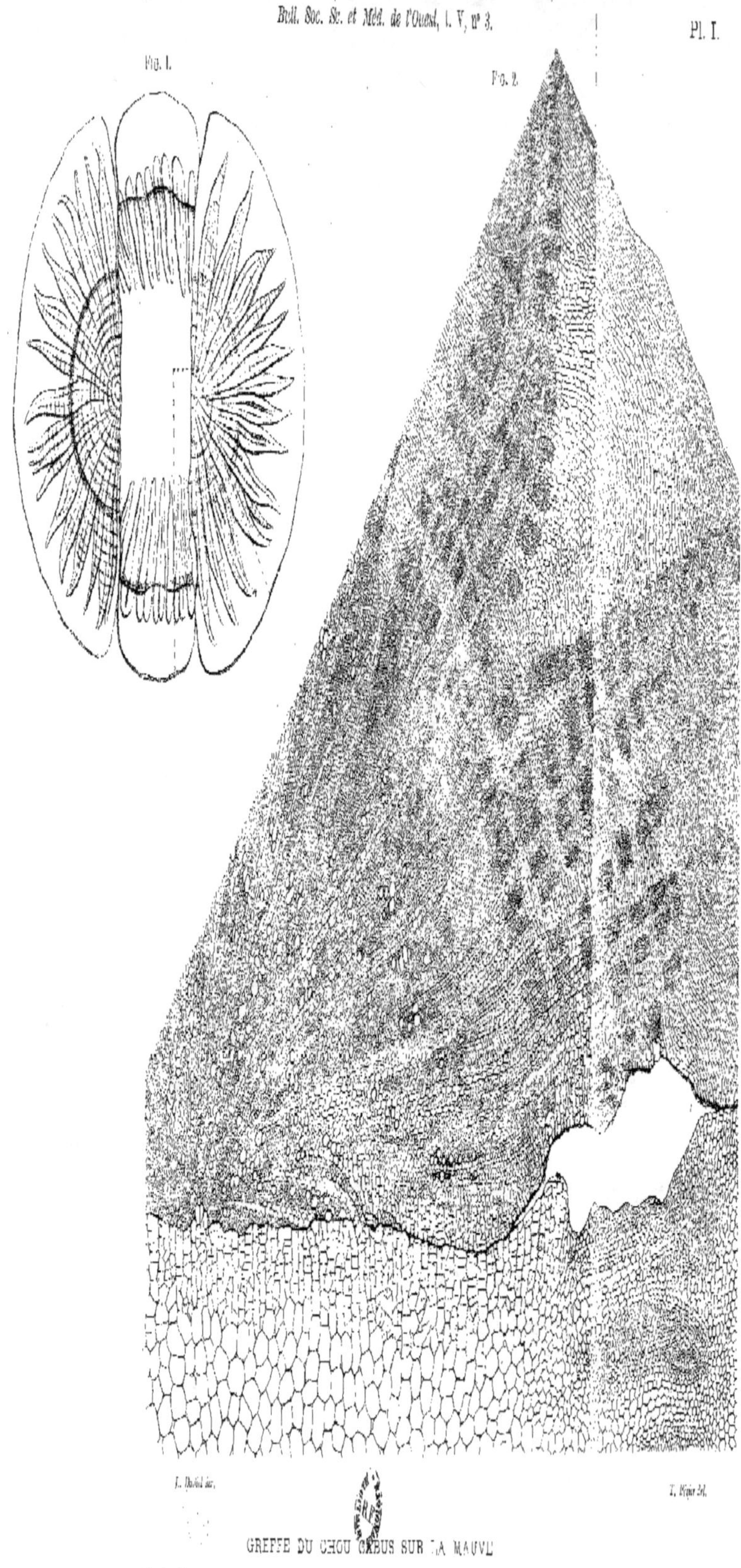

GREFFE DU CHOU CABUS SUR LA MAUVE

FIG. 1. Coupe schématique. — FIG. 2. Portion correspondant aux pointillés de la figure 1.

Seul, le comblement des boutonnières présente quelques particularités intéressantes, lorsqu'elles sont bordées en partie seulement par des tissus vivants.

Ceux-ci repassent seuls à l'état de méristème et viennent s'appliquer directement sur les tissus morts; mais il reste toujours entre ceux-ci et les tissus nouveaux une ligne de substance réunissante, sans qu'il y ait réunion intime comme cela existe dans les plantes normales.

Il va de soi que ces tissus nouveaux sont formés, soit uniquement par le sujet, soit seulement par le greffon, soit par tous les deux à la fois quand les boutonnières sont bordées en partie ou en totalité par des couches vivantes, bien que ces couches ne se correspondent plus.

On voit par ce qui précède, que l'union provisoire se fera entre les plantes les plus diverses, dès l'instant qu'une portion au moins de leurs tissus sera susceptible de repasser à l'état de méristème.

Il ne faut donc pas chercher dans cette première phase de la reprise la cause de l'insuccès des greffes dites hétérogènes, effectuées entre plantes de familles éloignées, mais bien dans les phénomènes consécutifs qui constituent l'union définitive.

2e PHASE. — *Union définitive ou rupture de l'association provisoire.*

Jusqu'ici les couches génératrices n'ont fonctionné ni dans le sujet ni dans le greffon.

Tant qu'elles n'ont pas fonctionné et donné naissance à des vaisseaux et des tubes criblés établissant le passage direct des sèves, le greffon se fane rapidement à l'air libre et à la lumière.

Mais un moment arrive où ces couches vont fonctionner (Dicotylédones) ou bien la situation va rester la même

comme chez la plupart des Monocotylédones où ces couches
font défaut, à moins qu'un mécanisme particulier ne vienne
suppléer à leur absence.

Il y a donc lieu d'examiner successivement ce qui se
passe à ce moment : 1° chez les Monocotylédones; 2° chez
les Dicotylédones.

1. — *Monocotylédones.* — J'ai fait, comme je l'ai déjà
dit, sur certaines Monocotylédones, les plus élevées, en
organisation, beaucoup d'expériences pour m'assurer si
réellement la greffe de ces plantes est impossible, comme
cela paraissait probable d'après mes essais malheureux sur
les Graminées.

En voici les résultats :

J'avais incisé des tiges d'Hémérocalle, de Lis, de Glaïeul
et de *Ruscus* dans le sens longitudinal et le sens transversal.
Les incisions longitudinales ne peuvent forcément intéresser
qu'une portion des vaisseaux qui sont coupés obliquement.

On peut alterner les coupes transversales de façon à ce
que tous les vaisseaux de la plante soient sectionnés, mais
à des hauteurs différentes. Ils ne peuvent alors communiquer entre eux que grâce à la disposition spéciale des vaisseaux dans la tige des Monocotylédones ou par l'intermédiaire du tissu cellulaire.

La plante est solidement attachée à un tuteur pour l'empêcher de se briser et elle est ligaturée avec soin pour
assurer les contacts des lèvres de la blessure et faciliter
ainsi la cicatrisation.

Je n'ai constaté aucune adhérence dans les diverses
fentes-coupures du *Ruscus* dont les lèvres restent séparées,
même quand on opère sur des pousses très jeunes. Il n'en
est pas de même des Hémérocalles, du Glaïeul et du Lis
où la cicatrisation se fait bien nettement et assez rapidement.

L'union définitive aura-t-elle lieu? Un examen anatomique complet nous démontrera qu'elle ne se fait pas.

En faisant une série de coupes transversales dans les fentes-coupures longitudinales d'Hémérocalle, fig. 8, ou de Lis, par exemple, on constate que la cicatrisation se produit par simple rapprochement (deuxième stade) dans les endroits où la coupure a été nette et n'a pas laissé de lacune. Dans les autres endroits où un espace libre est resté grâce à l'imperfection de l'instrument ou à la maladresse de l'opérateur, il s'est formé des méristèmes locaux qui ont rempli la cavité.

Mais jamais ces méristèmes locaux, issus du parenchyme médullaire ou de l'assise périphérique, *ne se sont différenciés en bois et liber* destinés à opérer le raccord des vaisseaux et des tubes criblés sectionnés. Ils sont restés exclusivement cellulaires.

Le passage des sèves se fait donc forcément par le parenchyme cicatriciel et quelquefois aussi par les vaisseaux nettement sectionnés dont les deux bouts se trouvent presque contigus par suite du rapprochement des lèvres de la plaie.

Les vaisseaux ainsi disposés sont les seuls qui conservent au niveau de la blessure leur aspect normal. Les autres, dont les bouts sectionnés sont à une certaine distance, manifestent rapidement leur décomposition par le jaunissement, puis le noircissement de leur extrémité blessée.

Mais cette nécrose n'a pas fait mourir la plante qui a pu quand même absorber suffisamment de sève brute pour fleurir.

On serait tenté de croire d'après ces expériences que la greffe du Lis serait possible. Il n'en est rien cependant.

Autre chose en effet est d'opérer par sections superposées incomplètes comme je l'ai fait dans les fentes-coupures, et par section complète comme dans la greffe en fente.

Dans le premier cas, si la mort de la tige opérée n'arrive pas, c'est que, grâce à la disposition spéciale des faisceaux fibrovasculaires, la communication directe des vaisseaux n'est pas interrompue d'une manière complète, ce qui arrive obligatoirement dans toute greffe en fente, par exemple.

Or, tant que les tissus cicatriciels n'ont pas fourni des vaisseaux et des tubes criblés, communiquant directement, la reprise d'une greffe n'est nullement assurée, ainsi que je l'ai indiqué précédemment.

Ce cas de greffe du Lis, impossible à réussir à cause de la non-transformation des tissus de cicatrisation en vaisseaux, n'en est pas moins très intéressant, car l'on observe dans le greffon seulement une production extrêmement abondante d'amidon, au point que l'on se croirait en présence d'une tubercule.

J'ai parlé ailleurs[1] de cette si curieuse particularité qui est une conséquence de la destruction de l'équilibre entre l'arrivée et la sortie de l'eau dans le greffon. J'en donnerai l'explication aux Conclusions générales.

Ce que je viens de dire montre que la réussite de la greffe sera évidemment impossible dans les plantes qui ne donnent pas de vaisseaux et de tubes criblés, par l'arrêt rapide du fonctionnement des méristèmes locaux, par suite de l'absence de couches génératrices.

En somme, les greffes de la plupart des Monocotylédones échouent donc : les unes par *l'absence de méristèmes locaux et de couches génératrices* (*Ruscus,* Graminées, etc.); les autres, par *l'absence de couches génératrices seulement* (Lis, Glaïeul, etc). Les seules possibles sont celles des Monocotylédones qui possèdent des couches génératrices (*Yucca, Dracœna,* etc.)[2].

---

1. Voir : L. Daniel, *Sur la greffe des plantes en voie de germination* (Comptes rendus de l'Association française pour l'avancement des sciences, Congrès de Pau, 1892).

2. J'arrive ici à une conclusion qu'avaient formulée divers auteurs, en particulier de Candolle. Mais la vraie raison de l'impossibilité de ces greffes n'avait pas été encore donnée.

2. — *Dicotylédones.* — Dans toutes les Dicotylédones, le fonctionnement des couches génératrices subit, par le fait même de l'opération, un temps d'arrêt variable, qui dépend de la carnosité des plantes greffées et des conditions de milieu, particulièrement de la température[1].

Bientôt ces couches génératrices reprennent leur activité. Ce sont celles du sujet qui fonctionnent les premières et indépendamment de celles du greffon.

Si la greffe est laissée à l'air libre, la section horizontale du sujet se dessèche en partie.

Si la greffe est faite à l'étouffée, un anneau de tissus de cicatrisation correspondant à la couche génératrice du sujet se forme sur le cercle de section qu'il recouvre en partie. D'abord blanchâtre, cet anneau verdit au fur et à mesure qu'il acquiert de la chlorophylle sous l'influence de la lumière, et, en s'étendant de plus en plus, il arrive à rencontrer les productions cambiales du sujet, concurremment avec les tissus cicatriciels produits sur les lèvres de la fente du sujet.

Cette production circulaire, à la surface de section du sujet, de tissus superficiels de cicatrisation, et que j'ai le premier décrite, est due à la saturation presque complète de l'air dans la greffe à l'étouffée.

La saturation empêche l'évaporation de l'eau contenue dans la sève élaborée; or cette évaporation est très marquée dans la greffe à l'air libre; c'est elle qui produit la dessiccation de la section et de l'écorce jusqu'à une certaine profondeur dans le sujet.

Si l'on examine au microscope les productions cambiales ainsi formées, on constate qu'elles forment des saillies en

---

1. Ainsi les greffes du Chou sous cloche, à la température ordinaire mettent environ trois semaines pour se souder à l'aide des couches génératrices. Sur couches et sous châssis, la soudure se fait en dix ou douze jours au plus. Celles des plantes grasses sont plus lentes encore.

général fort irrégulières. Ces saillies sont constituées par les cellules caractéristiques de tout méristème de cicatrisation cambial, se produisant sur une surface libre.

Les couches cambiales du greffon entrent en jeu généralement un peu plus tard. Il est d'ailleurs à remarquer que les productions du greffon sont bien moins abondantes au début que celles du sujet. Cela se comprend.

Ces cellules ont été décrites depuis longtemps à propos des cicatrisations ordinaires; il n'y a donc pas lieu d'insister puisqu'elles n'offrent dans la greffe rien de bien particulier.

La sève brute passe difficilement dans le greffon qui l'emploie presque exclusivement pour maintenir sa vie propre.

Elle fonctionne normalement dans le sujet qui se cicatrise dès lors au bout de sa période ordinaire, ce qui n'a pas lieu pour le greffon.

Ce dernier ne peut se cicatriser à l'aide des couches génératrices que quand la sève brute leur arrivera plus abondante.

C'est ce qui se produit plus ou moins vite suivant l'activité du sujet. Les productions cambiales de ce dernier comblent les vides laissés par l'opération, et suivant la rapidité et la perfection de ce comblement, la sève brute passe en plus ou moins grande abondance, et règle les productions cambiales du greffon.

C'est donc le sujet qui a la plus grande part dans la cicatrisation du début.

L'inégalité entre la production des tissus cicatriciels chez le greffon et le sujet est surtout marquée dans la greffe à l'étouffée où la sève élaborée du sujet n'a pas à craindre l'évaporation qui tue ses méristèmes dans la greffe à air libre.

Aussi, dans ces dernières greffes, peut-il se faire, quand

les circonstances climatériques s'y prêtent, que ce soit le greffon qui paraisse produire les premiers tissus cicatriciels.

A l'étouffée, il n'en peut plus être ainsi. C'est évidemment le sujet, riche en sève brute, qui est aussi le plus riche en sève élaborée, dès l'instant que le greffon ne reçoit guère, à ce moment encore, que la quantité de sève brute nécessaire pour rester vivant, la communication vasculaire n'étant pas rétablie.

Malgré cette inégalité dans l'activité vitale des deux plantes, les tissus nouveaux ne tardent pas à se rencontrer dans des points plus ou moins nombreux suivant l'étendue de la plaie et l'âge des parties greffées.

C'est à ce moment que se passent les phénomènes les plus importants de la reprise, et il faut le dire, les plus mal connus encore, puisqu'ils touchent à la question de la structure et des propriétés du protoplasma.

Il est évident que l'on ne saura bien ce qui se passe dans la greffe à ce moment que lorsqu'on connaîtra les propriétés intimes du protoplasma de chacune des plantes que l'on a associées.

Quoi qu'il en soit, ces phénomènes aboutissent à deux résultats bien différents.

Si les sèves élaborées du greffon et du sujet ne contiennent dans leurs protoplasmas aucune substance sans *action chimique* nuisible sur l'une ou l'autre des deux plantes, ou sans *action physiologique directe* délétère, si peut-être aussi certains caractères d'orientation et de parenté[1] sont observés, si les tissus en un mot *concordent* suffisamment, les deux plantes vont achever la cicatrisation en

---

1. Je dis peut-être, car en général la parenté amène la similitude des produits au moins en général. La question de parenté est donc implicitement contenue dans la similitude des protoplasmas.

Quant à l'orientation, j'ai indiqué dans l'Historique ce que je pense à ce sujet.

commun : il y aura *Union définitive*, dans la majeure partie des cas du moins.

Si au contraire, protoplasmas, tissus et le reste ne concordent pas suffisamment, la vie en commun devient vite impossible, si bien que les deux plantes se séparent d'un commun accord ; il y a dès lors *Rupture de l'association provisoire*.

Je vais envisager successivement l'un et l'autre de ces dénouements.

I. — *Rupture de l'association provisoire*.

La rupture de l'association provisoire peut se faire de trois façons différentes :

1° Par la mort du sujet;

2° Par la mort du greffon;

3° Par séparation pure et simple des deux plantes qui restent alors toutes les deux vivantes.

1° *Mort du sujet*. — Il arrive assez souvent que les couches génératrices du sujet ne fonctionnent pas. C'est ce qui se produit fréquemment quand on plante et greffe à la fois : Chou cabus sur *Mathiola, Thlaspi* sur Chou vert, et vice versà[1].

Le même fait se produit quelquefois sans cause apparente : jeunes tigelles de Citrouilles greffées sur elles-mêmes.

La pourriture du sujet peut entraîner la mort du greffon : tige d'*Anthirrinum majus* sur racine de *Lychnis dioïca;*

---

1. La pratique m'a démontré que très souvent les plantes herbacées, greffées et transplantées au même moment, meurent par dessiccation ou pourriture, suivant la saison et les conditions climatériques.

Il faut donc éviter de planter et greffer à la fois.

Geranium dissectum sur *Erodium cicutarium,* racine âgée sur racine âgée, etc.

Le plus souvent le greffon s'affranchit : Éclaire sur Alliaire, racine sur racine ; *Rumex acetosa* et Pissenlit sur *Tamus communis,* racine sur racine ; Carotte sur *Geranium rotundifolium,* racine sur racine ; Pissenlit sur *Crocus* et sur *Ranunculus bulbosus,* racine sur bulbe, etc.

Enfin quelques greffes, faites au-dessus du sol et non sous terre comme les précédentes, paraissent admirablement reprises, et pourtant elles meurent au bout d'un certain temps.

Si l'on examine ces greffes au microscope, on constate que le sujet s'est à peine cicatrisé, tandis que le greffon pousse de nombreuses racines adventives, qui s'échappent au travers des excroissances formées par les couches génératrices.

Si l'on supprime tous ces mamelons radiculaires, le greffon meurt ainsi que le sujet qui pourrit à sa base. La non-réussite de la greffe dépend donc encore du sujet.

C'est ainsi que se comportent les jeunes bourgeons d'*Aster* et de Santoline greffés en fente sur jeunes plantules de *Tagetes patula;* les greffes de plantules de Haricot sur plantules de Lupin.

2° *Mort du greffon.* — Dans quelques cas, c'est le greffon qui meurt seul. Il en est ainsi quand les greffes sont faites au-dessus du sol, et aussi dans la greffe sous terre quand on empêche le développement des racines adventives, si les plantes incompatibles, pour une raison quelconque, ne peuvent pas se souder (greffes en fente sur tiges ou sur racines).

Le greffon donne alors très peu de productions cambiales, quand il en fournit ; il se dessèche plus ou moins vite et meurt à la longue, tandis que le sujet se cicatrise et donne

des yeux de remplacement : Carotte sur *Lychnis dioïca,*
Mauve sur Chou, tige sur tige; *Thlaspi* sur Chou, tige sur
tige; Pensée sur Raiponce, tige sur racine tuberculeuse;
Carduus nutans sur *Dipsacus sylvestris,* racine sur racine;
Mathiola incana sur Chou vert et Chou cabus, tige sur tige
non transplantée en même temps que greffée.

Dans toutes ces greffes, faites sous terre, la mort du
greffon ne serait pas arrivée sans la suppression des
racines adventives.

Mais dans toutes les greffes au-dessus du sol, où ces
racines ne sauraient se produire, la dessiccation du greffon
arrive en général de très bonne heure si les plantes greffées
sont de familles différentes; elle est plus lente quand il
s'agit de genres différents d'une même famille. Toutefois,
il y a des différences qui ne peuvent s'expliquer par des
questions de parenté. Ainsi, à l'étouffée, la greffe en fente
herbacée de la Ronce sur Framboisier se dessèche plus
vite que celle du Rosier sur Framboisier; celle de Poirier
sur Framboisier périt presque immédiatement, tandis que
la greffe de l'Épine blanche sur Framboisier persiste pendant
plus de sept semaines, se lignifie et pousse même quelques
feuilles. Il est vrai que si l'on supprime toutes les feuilles
du sujet, celui-ci se dessèche. Le sujet ne reçoit donc rien
du greffon.

Des faits du même genre s'observent dans la plupart des
greffes en écusson faites soit sur les plantes herbacées, soit
sur les arbres de familles différentes ou même de genres
différents.

Dans ces écussons, je citerai ceux du Cytise sur l'Acacia
pour les arbres; ceux de la Saponaire sur l'Onagre pour les
herbes.

D'une façon générale, les écussons présentent un premier
stade bien net, puis un second qui dure fort peu de temps.
Naturellement il n'y a pas de troisième stade, puisqu'il n'y

a pas de boutonnière à combler entre des tissus anciens; dans la greffe en écusson, la cicatrisation se fait par une régénération cambiale exclúsivement. Les écorces anciennes ne se soudent pas; ou cette soudure est à peine màrquée. Elles tombent d'ailleurs, grâce à la production de liège, quand une écorce nouvelle se forme dans le sujet par le fonctionnement des couches.

Quand le greffon doit périr, cela n'empêche pas les productions cambiales du sujet, gênées par le greffon qui les comprime en leur centre, de se développer souvent en dessus et en dessous de lui. Le greffon est alors encastré dans une véritable rainure et tient si bien quand on essaie de l'arracher par une traction perpendiculaire à l'axe du sujet qu'on peut le croire soudé, et par suite penser que la greffe est réussie.

Une traction longitudinale, dans le sens de l'axe du sujet, suffit à dissiper l'illusion, car le greffon glisse en général assez facilement dans cette rainure.

A quel moment précis se produit l'insuccès de la greffe?

Ce moment varie beaucoup suivant les plantes écussonnées.

C'est peu après la 2ᵉ phase, dans le Cytise sur Acacia par exemple.

Dès que le cambium a recommencé à entrer en activité dans le sujet, les cellules de nouvelle formation se juxtaposent aux cellules jeunes du greffon et essayent de se souder avec elles; mais, quoique cette soudure soit peu intime, les traces n'en persistent pas moins assez longtemps.

Dans l'écusson de Cytise sur Acacia, on l'observe encore deux à trois mois après l'écussonnage.

Grâce à ce contact entre le sujet et le greffon, celui-ci est imbibé par la sève élaborée du sujet et peut y puiser ainsi l'eau et quelques principes nécessaires à l'entretien de sa vie. D'où une verdeur factice qui contribue à faire croire à une réussite illusoire.

Dans d'autres écussons, les sèves élaborées du sujet et du greffon sont moins incompatibles encore. Qu'en résulte-

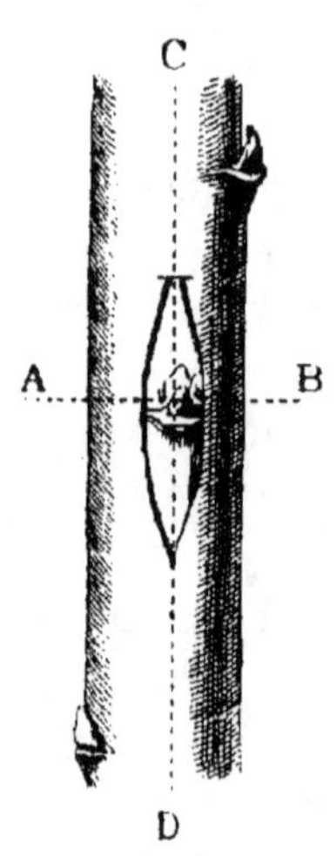

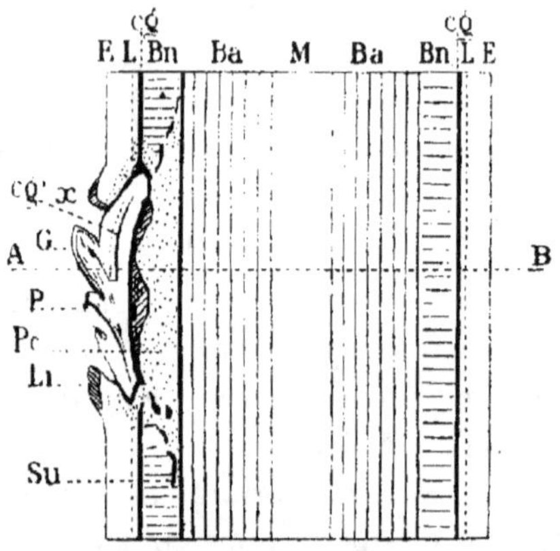

Fig. 9. — Écusson à œil poussant fait sur une plante semi-herbacée vivace, à tige caduque, et présentant au début toutes les apparences de la reprise.

Fig. 10. — Coupe longitudinale schématique suivant CD de l'écusson de la fig. 9. M, moelle; Ba, bois anciens; Bn, bois formés depuis la pose de l'écusson, ou bois d'automne ou de printemps; cg, couche génératrice; L, liber; E, écorce du sujet; Li, liège de cicatrisation du sujet; Pc, parenchyme de cicatrisation fourni par les couches génératrices du sujet, et non encore complètement transformé en vaisseaux; il affecte une forme bosselée et irrégulière.

G, œil de l'écusson; cg, sa couche génératrice; P, cicatrice du pétiole de la feuille à l'aisselle de laquelle se trouve l'œil.

Su, substance unissante englobée dans les tissus cicatriciels et non résorbée.

t-il? C'est que le greffon se soude au sujet, mais la soudure reste cellulaire, sans production de tubes criblés et de vaisseaux dans les méristèmes de cicatrisation qui proviennent en majeure partie du sujet, et un peu du greffon.

La conséquence de cette soudure, c'est la production d'une rosette de feuilles dans l'écusson, qui bourgeonne alors comme le font les greffes qui réussissent.

Plus tard, ces pousses s'arrêtent et se flétrissent.

S'il s'agit d'une plante herbacée dont les tiges meurent à l'automne on pourrait croire que l'écusson aurait vécu sans la mort du sujet; exemple, la greffe en écusson de la

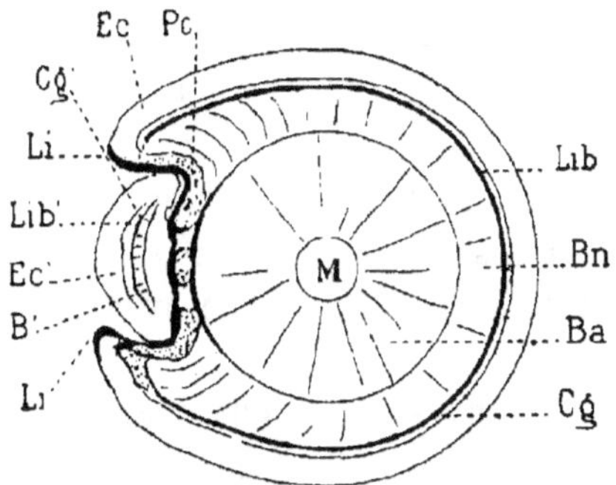

Fig. 11. — Coupe transversale schématique de l'écusson de la fig. 9 au niveau AB. Même notation que pour la fig. 10. On remarquera l'îlot de parenchyme de cicatrisation situé au milieu de l'espace compris entre l'écusson et le bois du sujet. C'est une travée de parenchyme qui paraîtrait s'être formée en dehors des couches génératrices du sujet si la coupe longitudinale ne faisait voir immédiatement son origine.

Saponaire sur l'Onagre, que je croyais avoir réussie, dans les débuts de mes recherches sur la greffe.

Dans beaucoup de cas semblables, les apparences extérieures de la reprise sont parfaites au point de tromper le praticien.

L'examen anatomique seul peut démontrer que la soudure était provisoire et que ce n'est pas la mort de la tige non persistante qui entraîne celle du greffon.

En effet, si l'on fait des coupes longitudinales et transversales (fig. 9, 10 et 11), on constate que les productions cambiales du sujet qui prédominent ont encore encastré le greffon à tel point qu'on ne peut l'arracher sans déchirures. Mais la plupart de ces déchirures ne sont pas dues à une soudure intime, car la ligne d'union primitive qui persiste avec les tirets du 2ᵉ stade est entourée dans le greffon et le sujet par du liège de cicatrisation. Ce liège indique bien la destruction de l'association qui avait paru se former au début.

Un séjour de quelques jours dans l'alcool suffit à produire la séparation de ces lièges, par contraction et retrait de leurs cellules.

Cette séparation se fût faite d'ailleurs un peu plus tard, si la plante avait possédé une tige vivace.

L'écusson mort aurait été éliminé avec les couches superficielles du liège de cicatrisation.

La plupart des écussons rentrent dans les deux cas que je viens d'étudier ou sont intermédiaires.

Je citerai, parmi ceux que j'ai essayés puis examinés au microscope, les écussons suivants, faits à œil dormant en août, qui, après avoir paru reprendre, sont restés verts jusqu'à la sève de printemps, mais sont morts à ce moment : Hêtre sur Houx; Châtaignier sur Charme; Châtaignier sur Peuplier blanc; Chêne sur Hêtre; Charme sur Chêne; *Cedrus Deodora* sur *Picea excelsa; Cedrus Deodora* sur *Larix,* etc., etc.

La greffe en écusson de certaines Amygdalées mérite une mention spéciale. Je rappellerai que beaucoup d'auteurs ont prétendu que les arbres à feuilles caduques ne peuvent se greffer sur les arbres à feuilles persistantes quand l'inverse réussit fort bien en général. Cette manière de voir est encore adoptée par beaucoup de praticiens[1], malgré un certain nombre d'observations contraires.

---

1. Consulter : Baltet, *l'Art de greffer*, p. 7, 1888.

Or, j'ai écussonné avec plein succès le Cerisier ordinaire à fruits doux (*Cerasus avium*) sur le Laurier-Cerise (*Prunus Lauro-Cerasus*. Les écussons ont aujourd'hui quatre années d'existence et ont donné des cerises qui ne renfermaient pas d'acide cyanhydrique en quantité appréciable. J'avais d'ailleurs opéré pour ces écussons comme dans la greffe en fente, inventée par Rast-Maupas[1], et j'ai laissé au sujet un certain nombre de branches feuillées destinées à assurer sa vie en hiver, pendant que le greffon reste dépourvu de feuilles.

Je n'aurais pas parlé ici de cette réussite si elle n'était en contradiction avec le curieux insuccès de l'écusson du *Prunus Padus* sur le même *Prunus Lauro-Cerasus*. Quelques précautions que l'on prenne, l'écusson meurt, et pourtant ces deux plantes sont plus voisines entre elles que les précédentes.

De plus, la mort de l'écusson présente des particularités remarquables.

La soudure de l'écusson est, cette fois, aussi parfaite que possible, bien qu'il ait fourni très peu de productions cambiales à l'automne.

Au printemps suivant, l'écusson est resté vert et son écorce est bien vivante. Le bourgeon essaye de se développer; les premières écailles vertes apparaissent comme dans les yeux du sujet ou dans les écussons qui réussissent.

Mais bientôt la pousse s'arrête; les premières écailles brunes tombent, puis ce sont les écailles demi-vertes. Enfin l'œil entier se détache au niveau de l'écorce en laissant une cicatrisation circulaire qui rappelle celle qui précède la chute de certaines feuilles. L'observateur qui n'aurait pas suivi attentivement les états successifs de l'œil croirait fatalement à un éborgnage accidentel, et cela d'autant plus facilement que l'écorce de l'écusson ne paraît pas souffrir.

1. Rast-Maupas, *Greffe en fente dans un temps inusité* (Ann. de l'Agriculture française, t. XXXV, p. 384).

Cette dernière reste adhérente au sujet qui la nourrit jusqu'à ce qu'elle soit rejetée avec l'ancienne écorce correspondante du sujet par le jeu normal de l'assise péridermique.

Des faits semblables se retrouvent dans les greffes animales (greffes de la peau, par exemple).

L'insuccès de l'écusson du *Prunus Padus* sur *Prunus Lauro-Cerasus* est d'autant plus bizarre que les greffes en fente de Pêcher et d'Amandier sur Cerisier donnent des pousses très vigoureuses la première année, ainsi que je l'ai démontré. Ces greffes, il est vrai, durent très peu de temps, mais il n'en est pas moins évident que la loi de parenté ne saurait expliquer pourquoi les communications vasculaires ne s'établissent pas entre deux plantes très voisines, *Prunus Padus* et *Prunus Lauro-Cerasus*, quand elles s'établissent provisoirement pour deux plantes plus éloignées, dans les Pêchers ou Amandiers et les Cerisiers, et persistent définitivement entre les *Cerasus avium* et *Prunus Lauro-Cerasus*.

Évidemment, la nature histologique des tissus n'a pas ici la même importance que la nature biologique de ces mêmes tissus, et ce n'est pas dans les questions de cicatrisation qu'il faut chercher l'explication de semblables anomalies.

En résumé, dans toutes ces greffes entre familles et genres différents qui ne réussissent jamais définitivement, la verdeur du greffon et même un commencement de développement des bourgeons n'est nullement un indice certain de la reprise. Pas même le développement local de vaisseaux et de tubes criblés dans l'écusson.

Il faut que ces vaisseaux et tubes criblés soient intimement reliés au sujet, ce qui n'a lieu que dans le cas de l'union définitive. Encore n'est-ce pas absolu : exemple, Pêcher et Cerisier, etc.

Le développement plus ou moins accentué d'un greffon à l'état herbacé qui achève de se lignifier aux dépens du sujet comme s'il était sur l'étalon qui l'a fourni, est un phénomène analogue à celui que j'ai constaté déjà dans les greffes de jeunes pousses de Conifères sur tubercules de Pommes de terre [1].

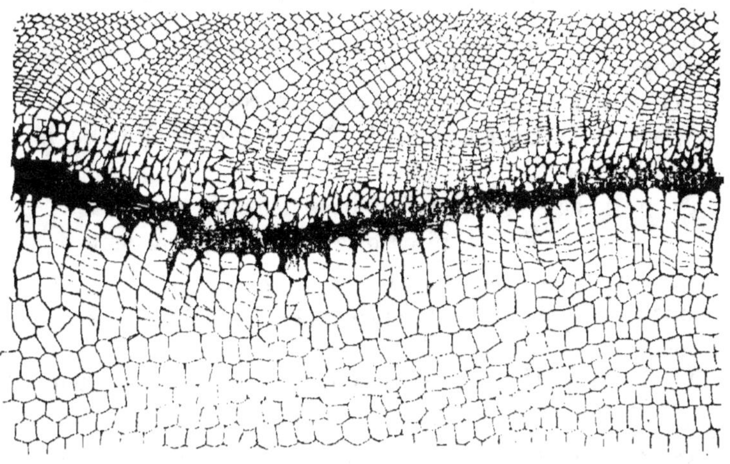

FIG. 12. — *Greffe de Reseda luteola* sur *Daucus Carota*, racine sur racine (Du 26 décembre au 20 mars).
On voit la séparation pure et simple du sujet et du greffon par formation simultanée d'un liège de plus en plus étendu.

Bien des greffes bizarres, dites hétérogènes, que l'on trouve à profusion dans les traités anciens d'Agriculture et d'Horticulture, ont été indiquées comme réussies, sans doute après des apparences de reprise analogues à celles que je viens de passer en revue.

3° *Séparation pure et simple du sujet et du greffon.* — Dans ce cas, les couches génératrices du sujet et du greffon fonctionnent normalement toutes les deux.

1. Voir : DANIEL, *Sur la greffe des parties souterraines des plantes* (Comptes Rendus de l'Académie des Sciences, septembre 1891).

Mais leurs cellules respectives, une fois arrivées en contact, restent convexes et ne peuvent unir intimement leurs membranes. Les cellules les plus voisines des plaies paraissent se nécroser tout le long de la ligne de séparation primitive du sujet et du greffon. Cette nécrose commence par les membranes accolées. Elle s'étend de plus en plus pendant que les cellules sous-jacentes repassent à l'état de méristème pour fournir des couches plus ou moins épaisses de liège (fig. 12).

Cette subérification se fait des deux côtés à la fois dans le greffon et le sujet suivant les procédés ordinaires de la subérification.

Quand le sujet et le greffon possèdent une moelle abondante et quand l'union provisoire se prolonge par suite des conditions extérieures, ce qui a lieu pour les greffes d'automne et d'hiver, il se forme souvent des lacunes dans la moelle.

Un groupes de cellules repassent à l'état de méristème dans le parenchyme médullaire, sans que ces méristèmes présentent le moindre rapport avec ceux du troisième stade de la première phase.

Ces cellules se cloisonnent radialement en donnant naissance à un liège de plus en plus étendu (fig. 13).

Beaucoup de plantes présentent des lacunes de ce genre dans leur écorce ; elles précèdent l'exfoliation consécutive au greffage (Racines des Composées, des Ombellifères, etc.), exfoliation très complète puisque l'écorce ancienne disparaît en entier pour faire place à une écorce nouvelle produite par les couches génératrices du sujet.

Pendant que se passent ces divers phénomènes, des yeux de remplacement apparaissent au sommet du sujet, et sortent principalement au travers des tissus de cicatrisation.

Des racines adventives nombreuses naissent sans ordre

sur les bords de la plaie, et passent au travers des mêmes tissus dans le greffon.

La structure primaire de ces diverses racines mérite d'être décrite.

Celles qui naissent isolément sont arrondies et possèdent la structure normale des racines ordinaires de la plante qui les fournit.

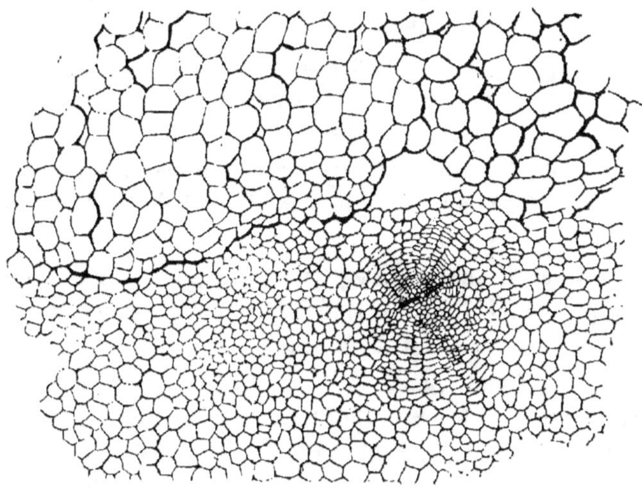

Fɪɢ. 13. — Portion de la coupe transversale d'une greffe en fente de Chou Cabus sur *Helleborus fœtidus*, tige sur tige. Les deux moelles sont soudées et l'union provisoire est parfaite. On voit, par places, la substance réunissante résorbée. A droite, dans la moelle du Chou greffon, on voit les débuts de la formation d'une lacune par cloisonnement radial et tangentiel des cellules.

Celles qui naissent par groupes se gênent mutuellement dans leur développement, et deviennent concrescentes à des degrés divers. De là, des variations curieuses suivant l'état plus ou moins accusé de cette concrescence, qui peut avoir lieu, quand elle est faible, par les écorces seulement; quand elle est plus accentuée, par les faisceaux libéroligneux et l'écorce; enfin, quand elle est maximum, par l'écorce, les faisceaux et la moelle.

La forme des coupes transversales est alors plus ou moins ovale, et certaines d'entre elles, les premières, feraient croire, si on n'en connaissait l'origine, à une structure polystélique.

Dès que les mamelons radiculaires et les yeux de remplacement sont apparus, la subérification, commencée dans les deux plantes tout le long de la ligne de séparation, progresse avec une rapidité étonnante.

La formation de poils absorbants sur le greffon lui redonne l'appareil assimilateur propre qu'on lui avait enlevé dans l'opération ; la formation de bourgeons adventifs fournit au sujet les moyens de remplacer l'appareil assimilateur qu'on lui avait supprimé en partie.

Chaque plante, pouvant vivre avec ses appareils propres, s'empresse de répudier une association qu'elle n'avait acceptée que parce qu'elle ne pouvait faire mieux.

Bientôt les couches génératrices, quand la plaie n'est pas trop étendue, ont refermé cette plaie; finalement le greffon est passé à l'état de bouture.

Mais il faut remarquer que la bouture consécutive à l'affranchissement d'un greffon. diffère cependant de la bouture ordinaire faite directement dans le sol, ainsi que de la bouture dans l'eau.

Tandis que celles-ci puisent seulement dans leurs milieux respectifs l'eau qui est nécessaire au maintien de leur vie et au fonctionnement ultérieur de leurs couches génératrices au moment de la production des racines adventives, la greffe-bouture se soude préalablement au sujet et puise dans les tissus de ce dernier, non seulement l'eau nécessaire à son existence et au fonctionnement de ses méristèmes, mais encore une partie des substances contenues dans la sève brute ou dans les tissus (réserves)[1].

1. Voir : L. DANIEL, *Recherches morphologiques et physiologiques sur la greffe*, 2ᵉ partie : II, *Les réserves et la greffe*, p. 19 (Revue générale de Botanique, 1894).

La séparation pure et simple du sujet et du greffon a lieu dans la plupart des greffes hétérogènes *quand on les fait sous terre*. Je citerai les suivantes que j'ai essayées et qui m'ont constamment donné les mêmes résultats, quel que soit le procédé de greffe employé : *Barkhausia taraxacifolia* sur *Campanula Rapunculus*, racine sur racine; *Pyrethrum Parthenium* sur *Campanula Rapunculus*, tige sur racine; *Pyrethrum Parthenium* sur *Lychnis dioïca*, tige sur racine; Carotte sur *Lychnis dioïca*, racine sur racine; Carotte sur *Lactuca Scariola*, racine sur racine; *Rumex acetosa* sur Pissenlit, racine sur racine; *Rumex acetosa* sur *Beta vulgaris*, racine âgée sur racine à sa deuxième année de développement; Laitue cultivée sur Salsifis, racine jeune sur racine à sa deuxième année de développement; Pissenlit sur *Beta vulgaris*, racine sur racine; Chou sur Mauve, tige sur racine, et Mauve sur Chou, racine sur tige; toutes les greffes citées dans le cas précédent (mort du greffon), quand ces greffes au lieu d'être faites au-dessus du sol sont faites sous terre, etc.

Rappelons que la séparation si rapide du sujet et du greffon dans les greffes hétérogènes se retrouve dans beaucoup de greffes qui réussissent normalement lorsque l'on a soin de supprimer à temps les productions adventives des deux plantes soudées.

Ce fait est connu depuis la plus haute antiquité.

Il est inutile d'indiquer ici toutes les nombreuses greffes de cette catégorie que j'ai essayées puisque, par le fait même de la séparation pure et simple du greffon et du sujet, elles ne sauraient être l'objet d'une application pratique quelconque, en dehors du bouturage.

Cependant je ne puis passer sous silence le cas très curieux des greffes entre jeunes plantules de Haricot (*Phaseolus vulgaris*) et la Fève (*Faba vulgaris*).

Lorsqu'on opère par le procédé de la greffe en fente,

ces plantules meurent sans donner lieu à l'union définitive, comme je viens de l'indiquer pour les greffes précédentes.

Mais si l'on greffe des plantules par approche, la soudure s'opère parfaitement entre les couches génératrices, et les bois et les libers se développent dans les tissus de cicatrisation.

La réunion anatomique est donc parfaite. Et pourtant, si l'on sèvre les plantules en coupant l'appareil absorbant de l'une et en supprimant l'appareil assimilateur de l'autre, la mort s'ensuit, à moins qu'après une période de forte souffrance, le greffon n'arrive à émettre des racines adventives.

Dans cette période de souffrance, l'examen anatomique du greffon montre que ses tissus sont le siège d'une très abondante formation d'amidon. Les sucres se déshydratent puisque la sève brute n'arrive plus en quantité suffisante, et ils passent à l'état d'amidon. Mais aussitôt que les racines adventives fonctionnent et amènent une nouvelle quantité de sève brute, l'amidon repasse à l'état de sucre et disparaît. A partir de ce moment, la croissance, suspendue dans le greffon, reprend son cours normal.

Si on laisse, dans une telle greffe en approche, les deux plantes soudées sans sevrer l'une et l'autre, elles se développent très bien sans se séparer. Il y a donc *soudure anatomique* persistante, mais il n'y a pas *soudure physiologique*. C'est une simple *greffe mécanique*, mais il n'y a pas *symbiose*, c'est-à-dire cette union intime, cette communauté de vie qui caractérise la greffe proprement dite.

Ceci confirme nettement ce que j'ai démontré dès le début, c'est-à-dire qu'il ne faut pas toujours chercher dans les différences anatomiques entre les plantes les causes de l'insuccès de la plupart des greffes.

Une semblable union mécanique naturelle a été observée entre des arbres d'espèces très différentes : Hêtre et Châtai-

gnier soudés (forêt de Cerisy, arrondissement de Bayeux[1]);
Frêne et Chêne âgés soudés par leurs tiges; Chêne et
Noyer soudés par leurs racines[2]; etc.

Greffe sous l'eau. — J'ai montré, dans mes mémoires
antérieurs sur la greffe, avec quelle remarquable facilité se
fait la reprise quand le niveau de la greffe se trouve placé
sous terre, ou quand on place la greffe à l'étouffée.

Les bons résultats obtenus à l'aide des mastics que l'on
applique sur les plaies pour soustraire les parties blessées
au contact de l'air dans les greffes ordinaires, m'avaient
engagé à chercher ce qui se produirait si l'on plaçait le
niveau de la greffe sous l'eau, en supprimant ainsi du même
coup l'action de l'air et la dessiccation des méristèmes.

Je croyais pouvoir ainsi permettre au greffon de passer
plus facilement à la seconde phase puisque je lui fournis-
sais en abondance l'eau, élément indispensable au fonctionnement rapide des couches génératrices, et dont l'absence
ou l'insuffisance cause la mort du greffon pendant la première phase.

Il faut l'avouer : j'ai été complètement déçu dans mes
espérances.

Pour être bien sûr de la reprise, j'avais opéré sur la
même plante qui me fournissait à la fois le sujet et le greffon, et j'avais greffé des plantes aquatiques pour être certain
que le changement de milieu ne serait pas une cause d'insuccès *ipso facto.*

Les plantes greffées sur elles-mêmes étaient l'*OEnanthe
crocata*, racine sur racine; le Cresson de cheval (*Veronica
Beccabunga*), tige sur tige; la Scrofulaire noueuse (*Scrofu-
laria nodosa*) et la Scrofulaire aquatique *(S. aquatica)*, tige
sur tige; la Menthe aquatique (*Mentha aquatica*), tige sur

1. Pépin, *Greffe digénère* (Revue horticole, p. 255, 1850).
2. V. Roy, *Deux greffes hétérogènes* (Revue horticole, p. 315, 1884).

tige ; la Lysimaque vulgaire (*Lysimachia vulgaris*), tige sur tige, et enfin le *Lycopus europæus*, tige sur tige.

Poussant plus loin mes essais, j'avais greffé aussi la Scrofulaire noueuse sur le Cresson de cheval, la Menthe aquatique sur le *Lycopus europæus*, etc.

Quelques-unes de ces greffes ont fourni au début un semblant de soudure, mais les stades si remarquables de l'union provisoire que l'on observe dans les greffes à l'air libre n'ont dans un aucun cas été bien nets.

Pareil fait ne peut se produire dans les greffes sous verre ou sous terre, car le greffon est obligé de se servir du sujet qui lui fournit la plus grande partie de l'eau nécessaire au maintien de sa vie pendant l'union provisoire. D'où cette soudure plus intime dont le greffon peut se passer quand il est lui-même en contact avec l'eau, qui loin de lui manquer, lui arrive alors en excès.

Les couches génératrices n'ont pas donné les méristèmes qui assurent la cicatrisation en commun des plaies du sujet et du greffon. Mais des racines adventives ont apparu dans le greffon au-dessus du niveau de la greffe. Ce greffon s'est bientôt isolé du sujet et a formé bouture, comme dans les greffes sous terre, avec cette différence qu'il n'y a pas eu de soudure préalable.

L'absence de cicatrisation que j'ai constatée dans ces greffes paraît au premier abord en opposition avec les expériences d'Hanstein sur la production du bourrelet et des racines adventives au travers de ce bourrelet quand on place sous l'eau un rameau sur lequel on a pratiqué l'incision annulaire[1].

Mais la différence des résultats peut tenir à ce que j'ai opéré sur des plantes herbacées, où par conséquent la régénération des tissus dans la cicatrisation des blessures se

---

1. HANSTEIN, *Jahrb. fur wiss. Bot.*, II et *Die Milchraft-gefässe*, Berlin, 1861, p. 56. — SACHS, *Physiologie végétale*, p. 108, 1868.

fait à l'aide du liège, mais sans bourrelet, tandis que Hanstein s'est servi surtout de plantes ligneuses où la cicatrisation avec production d'un bourrelet est au contraire le cas le plus fréquent.

D'ailleurs il sera facile d'élucider cette question, qui maintenant intéresse seulement la théorie, en greffant des plantes ligneuses, se cicatrisant avec bourrelet, et les plaçant sous l'eau. C'est ce que je vais faire cette année.

D'après le peu de succès de ces expériences, il semble que *la greffe sous l'eau des plantes herbacées soit impossible.*

Pourquoi? C'est que, à mon avis du moins, le greffon, par le fait de sa communication directe avec l'eau qu'il puise lui-même en quantité suffisante, fonctionne indépendamment du sujet et se comporte alors comme une vraie bouture dans l'eau.

II. — *Union définitive.*

Dans le but de rendre l'exposé plus clair, je considérerai successivement deux cas, comme dans l'union provisoire :

1° Celui où les couches génératrices sont en contact direct, comme dans les greffes en fente exécutées entre plantes de même taille appartenant à des variétés ayant une structure identique, et aussi dans les greffes en écusson, en flûte, en couronne et quelquefois en approche.

2ⁿ Celui où les couches génératrices concordent en partie seulement ou ne concordent pas du tout, comme cela arrive dans la majorité des greffes en fente quand greffon et sujet sont de taille différente, quand on greffe dans la moelle ou quand on fait exprès, dans un but expérimental, d'empêcher la concordance.

**1er CAS. — Les couches génératrices du sujet et du greffon
sont en contact direct.**

J'examinerai successivement les greffes en fente et les
greffes en écusson.

Les premières ne diffèrent pas essentiellement, quant
à l'anatomie, des greffes en approche auxquelles on peut
les rapporter.

Les secondes serviront de type pour les greffes en flûte,
en couronne, et en général pour toutes les greffes sous
écorce, faites quand la sève est en mouvement.

A. GREFFES EN FENTE. — Dans ces greffes, les procédés
d'union du sujet et du greffon diffèrent suivant qu'il s'agit
de greffes entre tiges normales ou entre tiges et racines
tuberculeuses.

a. Tiges normales. — Je prendrai comme exemple la
greffe entre tiges de jeunes Choux cabus.

Dans ces greffes, l'union provisoire, très nette, établit
un contact direct très marqué entre les deux plantes par
leur épaisse moelle. Cette phase a donc ici une importance
très grande, comme du reste dans toutes les greffes des
plantes où la moelle prédomine, non seulement à cause de
la dimension très remarquable de ce tissu, mais encore par
ce fait que le fonctionnement lent des couches génératrices
la fait durer longtemps, trois à quatre semaines environ.

C'est grâce à l'étendue très considérable des contacts
que le greffon peut résister à la dessiccation.

L'union définitive commence au moment où les couches
génératrices se mettent à fonctionner.

Les tissus nouveaux, dont j'ai déjà décrit en partie la
formation dans les deux plantes, vont se souder intimement, sans que la nécrose les atteigne ou qu'une formation rapide de liège empêche leur réunion intime.

Dans cette union définitive, j'aurai à examiner le fonctionnement des couches génératrices normales, c'est-à-dire d'une part, celui de la couche génératrice externe qui produit les tissus protecteurs et le phelloderme; d'autre part celui de la couche génératrice interne qui va fournir les nouveaux tissus conducteurs.

La couche génératrice interne ou couche cambiale commence à fonctionner dans le sujet. Ce n'est que plus tard qu'elle entre en activité dans le greffon. Du jeu successif puis simultané de ces couches résultent des tissus nouveaux qui présentent différents aspects, suivant les conditions dans lesquelles ils se développent.

En coupe transversale, les cellules d'origine cambiale ont une forme aplatie, rectangulaire ou polyédrique en face des couches génératrices où sujet et greffon se touchent; rectangulaire si la pression est forte, polyédrique si la pression est faible comme dans les lacunes de petites dimensions où elles s'engagent pour les combler.

On prendrait facilement ces cellules pour du parenchyme médullaire ordinaire si elles ne présentaient un protoplasma granuleux abondant, très actif, et n'étaient le siège d'une division cellulaire bien marquée.

D'ailleurs elles finissent bientôt par s'appliquer directement sur les tissus qui bordent la boutonnière et la remplissent complètement; elles perdent alors leurs caractères particuliers de cellules jeunes et ne se distinguent guère du parenchyme médullaire conjonctif dont elles jouent alors le rôle.

Lorsque les lacunes, plus étendues, sont situées entre les bois secondaires, elles se ferment encore, au moins partiellement, par des travées de tissu cambial qui s'appliquent sur la surface du bois. Mais ces cellules ont alors les caractères des méristèmes qui se développent sur une surface libre; elles sont arrondies au contact des bois vers l'intérieur, tandis qu'à l'extérieur elles prennent une forme allongée, pointue, et un aspect papilleux caractéristique.

Assez souvent sur les coupes transversales et plus rarement sur les coupes longitudinales, les tissus nouveaux affectent la forme d'îlots isolés appliqués sur le bois et paraissant sans rapports avec les couches génératrices (fig. 11, p. 49.)

Un examen superficiel pourrait faire croire que l'on se trouve soit en présence de méristèmes issus des vaisseaux (c'est ce qu'ont prétendu certains anatomistes, comme si un tissu mort pouvait redevenir vivant), soit, plus raisonnablement, en présence d'un méristème produit par le parenchyme des rayons médullaires ou le parenchyme ligneux.

Il n'en est rien. Outre qu'il est toujours facile de distinguer, par l'aspect et la nature du contenu cellulaire, les méristèmes cambiaux des méristèmes locaux de l'union provisoire, il suffit pour en déterminer la véritable nature de suivre attentivement leur direction sur une série de coupes longitudinales et transversales. On les verra toujours se rattacher aux productions des couches génératrices, dont ils sont de simples travées et dont la direction dépend des contours et des sinuosités des lacunes (fig. 10).

L'étude de leur développement conduit aux mêmes conclusions. S'il s'agissait de méristèmes produits par les tissus qu'ils ont recouverts, il n'y aurait pas de ligne de séparation visible entre les tissus anciens et les tissus nouveaux, ou cette ligne de séparation ne serait pas complète, ce qui est le cas, tant qu'une résorption de la substance unissante n'a pas eu lieu.

Cette résorption n'ayant lieu que très rarement, la présence seule d'une ligne de séparation continue suffit à caractériser la nature du méristème formateur, qui dans l'union définitive est toujours d'origine cambiale.

Ce sont ces productions cambiales qui seules se différencient en vaisseaux et en tubes criblés.

Mais ces éléments se différencient moins vite et moins abondamment dans les tissus de cicatrisation que dans les régions normales où ils sont produits par le jeu régulier de la couche génératrice interne.

De même les cellules qui leur donnent naissance n'affectant point cette régularité remarquable qu'elles ont à l'ordinaire, puisqu'elles ont été contrariées dans leur évolution, les faisceaux et même les tubes criblés prennent une forme contournée et irrégulière.

La forme contournée de ces tissus s'observe presque toujours dans les premiers vaisseaux qui naissent même de la juxtaposition directe des tissus cicatriciels communs, les premiers formés le long des lignes d'union correspondant aux fentes du sujet.

A plus forte raison, l'irrégularité est plus grande encore dans les vaisseaux issus des tissus destinés au raccordement des portions latérales du sujet qui apparaissent longtemps après les premiers, et achèvent la réunion des plaies.

Cette irrégularité dans la structure et la disposition des tissus conducteurs existe toujours, au moins la première année, dans les greffes même les plus parfaites. Elle finit évidemment par disparaître dans les greffes ligneuses parfaites par le fonctionnement ultérieur normal de la couche génératrice interne.

Dans beaucoup de greffes, où le greffon et le sujet s'accordent mal pour des raisons diverses (discordance des sèves, géotropisme différent, discordance de vigueur, etc.)[1], la complication peut devenir plus grande encore par l'apparition d'un bourrelet plus ou moins prononcé et de véritables

---

1. L. DANIEL, *Sur la Greffe des arbres fruitiers* et *Du choix des Greffons dans la greffe des arbres fruitiers* (Le Cidre et le Poiré, 1895).

broussins de greffe, issus de productions adventives du sujet et du greffon.

Ces productions sont la conséquence directe de la section des tubes criblés et du trouble consécutif à cette section dans la descente de la sève élaborée vers l'appareil absorbant.

Pendant que se passent les phénomènes que je viens de décrire, les couches génératrices externes ne sont pas inactives. Elles fonctionnent régulièrement dans les parties respectées par la greffe, mais au niveau des plaies, les choses changent. Dans l'écorce du greffon et du sujet, au voisinage de chaque section, on voit se produire des méristèmes locaux analogues à ceux dont j'ai déjà décrit la formation dans la moelle à propos de greffes de Mauve et de Chou.

Cette formation, due à un cloisonnement tangentiel et radial, donne extérieurement du liège protecteur destiné à remplacer l'épiderme et le liège ancien qui s'exfolient partiellement, et, intérieurement, une couche de phelloderme assimilateur.

Ces formations corticales se rejoignent et se fusionnent avec les portions externes des méristèmes cambiaux qui se différencient elles-mêmes en écorce (liège et phelloderme), pendant que les régions internes cambiales seules forment du tissu conducteur disséminé dans du parenchyme conjonctif.

A partir de ce moment le tissu conducteur continue à se différencier, mais la circulation tendant de plus en plus à devenir normale et les plaies étant bouchées, les poussées cambiales nouvelles sont peu déviées et les vaisseaux nouveaux se rapprochent d'autant plus de la verticale qu'ils sont plus récemment formés.

Dans une greffe de Chou sur Chou bien faite, toute trace de la cicatrisation finit même par disparaître extérieurement. Une section longitudinale seule permet de retrouver le niveau de la greffe.

Il reste à examiner ce que deviennent les libers et les vaisseaux sectionnés dans l'opération.

Dès que les nouveaux vaisseaux se sont différenciés dans les tissus de cicatrisation, les bois anciens, dont le rôle était considérable dans l'Union provisoire, ne servent plus dans l'Union définitive. Ce sont les tubes nouveaux qui assurent la circulation, car, quelle que soit la perfection des soudures entre les bois et les méristèmes conjonctifs du parenchyme ou du cambium, les vaisseaux sectionnés sont atteints de nécrose partielle ; on les voit se détacher en brun plus ou moins foncé sur les coupes longitudinales et transversales des greffes même les plus réussies.

La décomposition est d'autant plus profonde et d'autant plus étendue que ces vaisseaux sont restés plus longtemps exposés à l'action des agents extérieurs (air et pluie), c'est-à-dire que la cicatrisation a été plus lente et plus imparfaite.

Quant aux tubes criblés sectionnés, ils sont le siège d'une destruction partielle sur une certaine étendue, et l'union des libers anciens du sujet et du greffon peut se faire par l'intermédiaire des tubes criblés nouveaux. Les parties atteintes dans l'opération disparaissent par suite de l'exfoliation consécutive à la cicatrisation de l'écorce.

b. — Tiges sur racines; racines sur tiges; racines sur racines. — La reprise dans ces greffes diffère des précédentes par la manière dont se fait le raccordement des vaisseaux et du sujet. Elles diffèrent d'ailleurs passablement entre elles sous ce rapport, comme les procédés d'union des écorces varient suivant les végétaux quand les couches génératrices externes des deux plantes sont situées à des profondeurs différentes.

Il serait bien long d'examiner en détail tous les modes possibles de soudure dans les greffes entre tiges et racines. Je me bornerai à étudier ici les principaux types.

Lorsque la tige et la racine sont normales, les procédés d'union ne diffèrent guère de ceux décrits précédemment, du moins pour les vaisseaux. Les libers suivent eux-mêmes un trajet plus contourné pour établir une sorte d'union

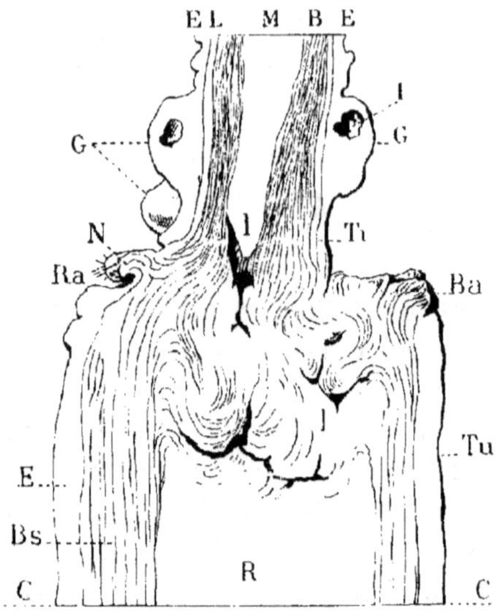

Fig. 14. — Coupe longitudinale schématisée d'une greffe en fente de Chou de Milan sur Chou-Navet. E, écorce; L, liber; B, bois du greffon; G, galles; I, cavité où l'insecte est logé; l, lacunes; Ti, base de la tige du greffon; N, nodosité avec racines adventives externes Ra; Ba, bourgeons adventifs, formant un brouss'n de greffe; Tu, tubercule; Bs, bois secondaire du tubercule; R, racine-sujet. — CC, niveau de la coupe représentée dans la fig. 15.

comparable à ce qui existe au collet d'une plante ordinaire.

Mais quand il s'agit de racines tuberculeuses employées comme sujet ou comme greffon, séparément ou à la fois, les choses changent considérablement.

Considérons, comme premier exemple, la greffe de Chou de Milan sur Chou-Navet (fig. 14 et fig. 15).

En coupe longitudinale (fig. 14), on voit la moelle du greffon se rétrécir de plus en plus vers la base pour arriver à être à peine représentée comme cela se passe à la base de la tige normale. Les bois augmentent aussi d'épaisseur proportionnellement à la diminution de la moelle.

En somme, rien dans la structure habituelle du collet du greffon n'est changé au-dessus du niveau de la greffe.

Cependant il faut faire remarquer que les larves de *Baridius* (*B. Artemisiæ* Herbst, *B. chlorizans* Germ., *B. cuprirostris* Fab.) ont montré une préférence marquée pour les Choux greffés, ainsi qu'on peut le voir par leurs nombreuses galles, situées au voisinage de la soudure, et renfermant soit des chrysalides, soit des insectes parfaits.

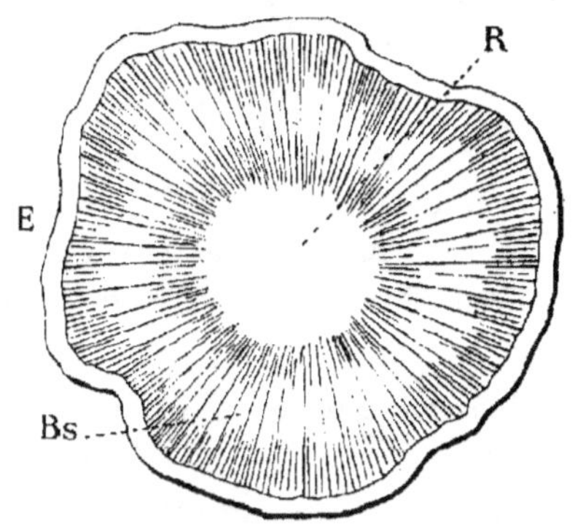

Fig. 15. — Coupe transversale schématisée du Navet-sujet de la figure au niveau CC, précédente.

R, tissu médullaire; Bs, bois secondaire; E, écorce.

Cette prédilection des parasites pour les plantes greffées est d'ailleurs générale, non seulement dans les Crucifères, mais dans toutes les plantes, cultivées ou non [1].

Au point d'union du sujet et du greffon, la moelle du greffon résorbée en partie, donne naissance à une lacune *l*,

---

1. Voir L. DANIEL, *Parasites et plantes greffées* (Revue des sciences naturelles de l'Ouest, 1894), et *La Chématobie et la greffe du Pommier* (Le Cidre et le Poiré, août 1896). Beaucoup de greffons de Pommier, ainsi que j'ai pu l'observer l'année dernière, ne poussent pas à la première montée de la sève, parce que l'un des parasites les plus redoutables du pommier, la *Cheimatobia brumata*, dépose ses œufs dans les bourgeons; ceux-ci sont mangés par les larves, et les greffons meurent, à moins que les bourgeons secondaires qui accompagnent chaque bourgeon axillaire ne se développent lors de la montée de la seconde sève.

pendant que ses vaisseaux moins lignifiés se continuent avec ceux du sujet en décrivant un grand nombre de sinuosités.

Tous ces vaisseaux ne se raccordent pas. Quelques-uns, produits par les poussées cambiales dirigées à l'intérieur de la fente par le greffon, dans les lacunes larges de la ligne d'union, se contournent sans se souder au sujet. Quand ils rencontrent une lacune assez large, comme la lacune *l* produite par la résorption de la moelle du greffon, ils y envoient des mamelons radiculaires qui se développent dans les résidus noirâtres des tissus détruits dont ils font ainsi rentrer les éléments dans la circulation générale de la plante.

On sait que les racines adventives naissent en général de toutes les parties du végétal, mais *toujours à l'extérieur*. La formation de semblables racines, analogue à celui des racines adventives dans les troncs d'arbres creusés par le temps, n'avait pas encore été signalée dans la greffe.

Il n'est pas sans intérêt de rappeler que Le Jolis[1] remarquait en 1868 la présence de racines adventives médullaires dans l'intérieur de la tige de l'*OEnanthe crocata*. Ces racines, dites *hétérotopiques*, s'étendaient d'une articulation à l'autre.

En 1869[2], Duchartre constatait qu'il s'agissait des faisceaux fibro-vasculaires signalés déjà par Jochman et Reichert dans les Ombellifères et qui étaient devenus libres par la rétraction de la moelle.

Plus tard, Arloing[3] signalait la présence de racines adventives médullaires dans les Cactées; toutefois, elles ne

1. LE JOLIS, *Lettre à M. Duchartre*, dans le Bulletin de la Société Botanique de France, séance du 12 février 1869.

2. DUCHARTRE, *Note sur un cas de formation de racines adventives* (Bulletin de la Société Botanique de France, 1869, pp. 26-29 ; et *Note sur une particularité observée dans l'OEnanthe crocata* (Bulletin de la Société Botanique de France, 10 décembre 1869, pp. 363-373).

3. ARLOING, *Recherches anatomiques sur le Bouturage des Cactées* (Annales des Sciences naturelles, Botanique, t. IV, 1876, p. 36).

se développaient pas à l'intérieur du canal médullaire, mais bien à la surface extérieure de la moelle, à l'extrémité inférieure de quelques boutures.

Je n'ai pas vérifié les observations contradictoires de Le Jolis et de Duchartre, mais ce sont bien de véritables racines adventives *hétéropiques,* c'est-à-dire développées à l'intérieur du canal médullaire, que j'ai observées, non seulement dans la greffe du Chou de Milan sur Chou-Navet, mais encore dans la greffe en approche sur tige de deux Choux moelliers.

Il ne s'agissait point ici de faisceaux libéroligneux médullaires, ni de jeunes bourgeons adventifs issus des tissus cicatriciels, mais bien de racines, puisqu'elles possédaient le géotropisme négatif et des poils absorbants.

Elles s'étaient développées aux dépens des tissus cicatriciels qui avaient fait hernie à l'intérieur des cavités produites par le retrait du parenchyme médullaire sous l'influence de la dessiccation au niveau de la greffe.

La production de ces racines adventives avait aussi eu lieu à l'extérieur, mais elles s'étaient desséchées à l'air. Celles de l'intérieur avaient végété dans un milieu plus favorable et avaient même digéré, dans les Choux moelliers, une bonne partie de la moelle voisine dans laquelle elles s'étaient enfoncées tout d'abord, et où elles étaient seulement devenues libres complètement après la digestion de cette moelle.

Je ferai observer encore qu'il y a une curieuse analogie entre le fait que je signale et celui d'un *Tecoma radicans* greffé sur *Catalpa.*

D'après M. Bureau[1], on voyait très nettement les faisceaux fibro-vasculaires rougeâtres du *Tecoma* s'insinuer entre l'écorce et le bois du *Catalpa* sur une longueur considérable.

____
1. Bulletin de la Société Botanique de France, 1869, p. 372.

Évidemment il s'agit ici de racines adventives fournies par le greffon, mais qui n'avaient pu trouver d'issues à l'extérieur pas plus qu'à l'intérieur.

Mais le plus souvent les poussées cambiales se frayent un passage vers la périphérie. Les vaisseaux donnent encore naissance à des mamelons radiculaires très abondants qui sont plus ou moins concrescents et se recouvrent bien vite de poils absorbants.

La production de ces racines est une conséquence de la section des libers du greffon dans l'opération de la greffe.

Les mamelons radiculaires avec leurs poils absorbants ont un double rôle. Évidemment, ils se développent dans le but manifeste de provoquer l'affranchissement du greffon, ce qui se produirait si l'on ne supprimait avec soin ces racines quand elles ont atteint quelques centimètres.

Mais d'un autre côté, tant que la communication directe n'est pas rétablie, les vaisseaux se développent plus lentement dans les tissus cicatriciels; il arrive que la sève brute passe en quantité insuffisante dans le greffon qui végéterait beaucoup plus lentement si des racines adventives ne suppléaient pas à ce manque de sève brute.

Il y a donc intérêt à laisser ces racines se développer au début, car ce sont alors de bons auxiliaires de la reprise; mais il faut les supprimer dans la greffe sous terre quand elles prennent un développement suffisant pour compromettre la symbiose des deux plantes.

Sous cloche ou dans l'air ordinaire, on peut ne pas se préoccuper de ces racines qui cessent de se développer dès que la plante se trouve quelques heures dans l'air sec.

Mais lors de l'interruption de croissance des mamelons radiculaires à l'air sec, les matériaux de la sève élaborée destinés à leur croissance continuent à être appelés au lieu d'emploi; ils finissent par se transformer en vaisseaux, de plus en plus enchevêtrés les uns dans les autres, et ils forment alors des nodosités ou broussins N, ayant l'aspect de ceux que M. Trécul a étudiés dans les arbres[1], mais qui en diffèrent le plus souvent par leur origine radicellaire et leur lignification bien moins accusée.

Les nodosités produites dans la greffe sont rarement dues à des bourgeons; elles ne peuvent avoir cette origine que dans le sujet qui pousse seul des bourgeons de remplacement destinés à reconstituer l'appareil absorbant qu'il a perdu.

Fréquemment le sujet produit lui-même des nodosités radicellaires, et il arrive parfois qu'une de ces excroissances ait une origine mixte, c'est-à-dire qu'elle provienne à la fois de racines et de bourgeons adventifs arrêtés dans leur développement par une cause extérieure.

Ces excroissances sont bien distinctes des bourrelets et des tubercules avec lesquels il ne faut pas les confondre. Leur structure anatomique et l'absence de cavité à leur intérieur les distingue aussi des galles produites par les *Baridius*.

A l'intérieur du sujet et du greffon, on voit des excroissances qui ont une origine identique, et qui sont séparées par des lacunes l, de forme variée.

Mais au-dessous de la région d'union, dont la longueur dépend de la dimension de la fente initiale du sujet, la racine sujet reprend la structure ordinaire d'un tubercule de Chou-Navet. Bon nombre de vaisseaux du greffon se continuent dans le tubercule par des cellules très allongées qui communiquent elles-mêmes avec les cellules ordinaires du parenchyme de réserve. Les autres se continuent directement avec les vaisseaux du bois secondaire de la racine du sujet. Les dimensions de la région Bs formée par le bois secondaire assez peu lignifié sont plus considérables

---

1. TRÉCUL, *Développement des Loupes et des Broussins* (Annales des Sciences naturelles, Botanique, XX, 3e série, p. 65, 1853), etc.

que dans le tubercule normal ; cette particularité est la conséquence des nombreuses radicelles que porte le sujet.

L'existence d'un plus grand nombre de radicelles est évidemment due à l'augmentation de l'appareil assimilateur. Le greffon possédant un appareil assimilateur plus développé que celui du sujet a obligé celui-ci à multiplier son appareil absorbant : d'où l'exubérance inusitée de son chevelu.

Mais en revanche les bois secondaires sont riches en parenchyme de réserve. L'augmentation des faisceaux libéroligneux n'a pas nui au dépôt des réserves, et à la valeur alimentaire du tubercule sujet, qui est resté *tendre* comme un tubercule ordinaire.

L'examen microchimique des substances contenues dans le sujet montre bien que l'on est en présence d'un vrai tubercule, contenant des réserves destinées à un développement ultérieur.

Des observations semblables peuvent se faire dans la greffe du Chou de Mortagne sur Navet rond à collet rose, où la tuberculisation et la coloration rose caractéristique n'apparaissent qu'au moment où le greffon est apte à former ses réserves.

Cette tuberculisation, commandée par le greffon, m'amène à parler du travail récent du Dr Vöchting[1], professeur à l'université de Tubingen, dont j'ai dit quelques mots seulement dans l'Historique.

Entraîné par son désir de battre en brèche l'*Influence réciproque du sujet sur le greffon,* le professeur allemand émet, à propos de la greffe de l'*Helianthus tuberosus* sur l'*Helianthus annuus* des idées qui me paraissent difficiles à justifier.

---

1. Vöchting, *Ueber die durch Pfropfen herbeigeführte Symbiose des Helianthus tuberosus und H. annuus* (Sitzungsber. der Königl. preuss. Akad. d. Wiss. Math.-Phys. Classe, 12 juli 1894).

Je raisonnerai sur les faits exposés par l'auteur, n'ayant pas encore eu le moyen de les vérifier directement moi-même[1].

Maule, puis Carrière, avaient réalisé déjà des greffes entre ces *Helianthus*. Mais tandis que les précédents auteurs avaient obtenu une tuberculisation de la racine-sujet, Vöchting n'a observé qu'un simple bourrelet produit par la racine. Cette hypertrophie s'explique, d'après Vöchting, par une question de pléthore du greffon.

Celui-ci, en effet, possède un excès de nourriture au moment où il emmagasine habituellement des réserves. Mais la greffe ne lui permettant pas de s'en débarrasser puisque le sujet n'a pas de tubercule, le greffon devient pléthorique et refuse les matériaux que lui amène la racine. Celle-ci devient pléthorique à son tour et se débarrasse de ce qui la gêne en s'hypertrophiant au niveau du bourrelet.

Je ne vois pas bien pourquoi la racine, qui s'accroît grâce à la sève élaborée par l'appareil assimilateur et ne forme pas elle-même ses matériaux de réserve, peut s'hypertrophier ainsi dans la greffe avec des substances qu'elle puiserait directement dans le sol. Ceci est en contradiction formelle avec ce que l'on connaît actuellement sur la nutrition normale des plantes.

L'argument, destiné *à tuer une légende*[2], ne paraît donc pas bien meurtrier, et en tout cas, il se retourne contre les idées de son auteur. Puisqu'il y a formation dans la racine d'une hypertrophie constituant un trop plein où s'accumulent les substances que la plante ne peut utiliser de suite, il s'agit d'une *tuberculisation*, et, comme la racine ne fabrique pas elle-même ses réserves, ne possédant pas

---

1. Je possède actuellement des greffes semblables, mais leur tuberculisation n'est pas encore commencée (juillet).

2. C'est ainsi que Vöchting qualifie les expériences de Maule et Carrière.

de chlorophylle, la *tuberculisation est produite par le greffon,* QUI INFLUE AINSI SUR LE SUJET.

Le raisonnement suffirait donc déjà à prouver que les explications de Vöchting sont inadmissibles, et que l'influence réciproque du sujet et du greffon n'est nullement une légende.

Mes expériences sur la greffe des plantes tuberculeuses le démontrent mieux encore.

Considérons par exemple les Navets greffés sur Chou. Jamais, dans ces greffes, la tige ou la racine sujets ne se sont renflées pour recevoir une réserve quelconque.

Les réserves se sont toujours accumulées au contraire dans la portion restante de la racine greffon, qui a seule donné naissance à un tubercule. Non seulement l'examen microchimique y révèle des réserves abondantes, mais ce tubercule du greffon se développe suivant les mêmes lois que les tubercules ordinaires. Il se conforme en particulier à la loi de niveau [1], car si le niveau de la greffe est situé au-dessus du sol ou profondément dans le sol, le tubercule se forme mal et il n'arrive à son complet développement qu'au niveau du sol, son milieu normal.

Pourtant, dans une telle greffe, où l'appareil absorbant est plus développé que l'appareil assimilateur, le sujet eût dû devenir pléthorique de bonne heure !

On pourrait m'objecter que les tiges ou racines constituant le sujet étaient des portions de plantes normalement rebelles à la tuberculisation.

Outre que c'est le cas des racines d'*Helianthus annuus,* c'est-à-dire de l'exemple même donné par Vöchting, il ne m'est pas difficile de trouver d'autres cas de non-tuberculisation dans des sujets appartenant à des plantes tuberculeuses.

------

1. ROYER, *Flore de la Côte d'Or*, Paris, 1883.

En greffant le Panais sur la Carotte rouge ou sur le Fenouil, le Panais seul fournit un tubercule et le sujet conserve la taille qu'il avait au moment de l'opération (Carotte), devient même plus petit à la suite d'une exfoliation épidermique profonde (Fenouil, fig. 16).

Il s'agit si bien des réserves accumulées par le greffon seul que, lorsqu'il y a partage de ces réserves entre le sujet et le greffon comme dans la greffe des Choux sur Navets ou Choux-Navets, la pomme du Chou greffon et le tubercule du sujet n'atteignent ni l'un ni l'autre la taille des individus non greffés appartenant aux mêmes variétés et placés côte à côte avec eux.

Enfin, *la tuberculisation est commandée par le greffon*, ainsi que le démontre très nettement la greffe du Chou de Mortagne sur Navet rond à collet rose.

Ces faits, intéressants évidemment au point de vue anatomique, ont donc une portée générale plus haute. Ils sont une preuve de plus, en dépit de Vöchting et des partisans de la conservation intégrale des caractères dans la greffe, qu'il y a INFLUENCE RÉCIPROQUE ENTRE LE SUJET ET LE GREFFON [1].

Un deuxième type de reprise anatomique, c'est celui de la greffe du Navet rond à collet rose sur la tige du Chou de Mortagne.

La complication est beaucoup moins grande que dans le précédent. Ainsi le greffon n'a point fourni de racines adventives abondantes dès l'instant que le sujet est plus vigoureux que lui et lui amène plutôt une surabondance de sève brute.

Dès lors point de broussins radiculaires.

---

1. Pour plus de détails, voir : L. DANIEL, *Influence du porte-greffe sur le Greffon. Hybrides de greffes* (L'Année biologique, dirigée par M. Delage, professeur à la Sorbonne, Paris, 1896); et pour l'explication théorique du dépôt des réserves, les Conclusions du présent Mémoire.

Lorsque l'union vasculaire et libérienne a été complète, le greffon, bien pourvu de sève brute, s'est vite trouvé dans des conditions telles que la sève élaborée est devenue surabondante. Les réserves qui se sont formées se sont déposées exclusivement dans le greffon qui s'est tuberculisé comme à l'habitude.

Ici encore, la nature de l'hypertrophie ne saurait faire de doute, si l'on examine ses réserves et sa structure qui sont celles d'un véritable tubercule. La différence principale entre le Navet ordinaire et le Navet greffé consiste dans la saveur qui se rapproche de celle du Chou dans ce dernier.

Le mode d'union des vaisseaux était assez simple. Les vaisseaux les plus lignifiés des bois secondaires voisins de la couche génératrice interne du greffon se continuaient avec ceux du sujet qui étaient restés en forme de V à la suite de l'opération. Ce V d'union avait une largeur proportionnelle à celle du sujet, bien entendu, puisque ce dernier ne s'accroît pas après l'opération, ou à peine, toute la sève élaborée étant à peu près utilisée pour l'accumulation des réserves et le développement du magasin (parenchyme secondaire du cylindre central).

Mais cette union présente quelques différences suivant la position du niveau de la greffe par rapport au niveau du sol.

La description précédente convient au cas des greffes où le point de soudure se trouve au voisinage de la surface du sol ou au-dessus.

Dans les greffes où le sujet est enterré plus profondément dans le sol, les lèvres de ce sujet pourrissent sur les côtés. Les vaisseaux se nécrosent eux-mêmes et finalement le sujet et le greffon communiquent par un seul point, au lieu de communiquer en V.

La position de ce point d'union, ou mieux de cette surface d'union, est généralement à la pointe du V, ou à son voisinage.

Des observations du même genre peuvent être faites dans les greffes de racines tuberculeuses sur racines normales ou tuberculeuses, mais jeunes et n'étant pas encore aptes à s'exfolier par le jeu régulier d'une assise péridermique profonde : Carotte sur Panais, et vice-versâ; Laitue et Chicorée sur Salsifis jeune, etc.

Le troisième type, c'est celui des tiges et des racines normales ou tuberculeuses greffées sur racines âgées, qui sont habituellement le siège d'une exfoliation péridermique profonde.

Soit la greffe de Panais (racine jeune) sur Fenouil (racine âgée d'un an au moins), (fig. 16).

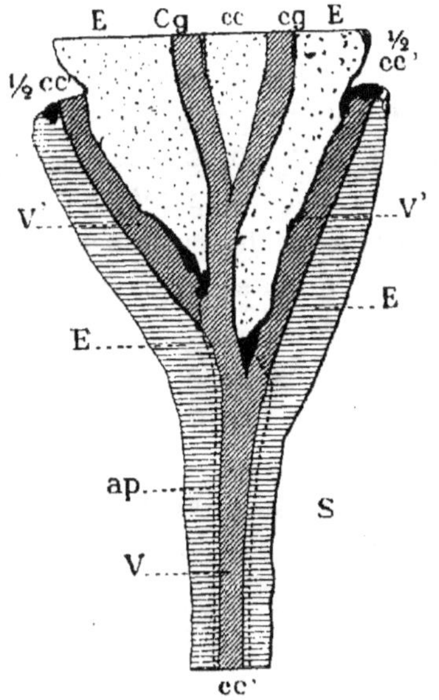

L'union des vaisseaux se fait comme dans les greffes du deuxième type situées assez profondément dans le sol, c'est-à-dire que le V formé par les vaisseaux du sujet ne communique que par un point avec les vaisseaux du greffon.

Ce point est d'ailleurs situé dans des régions très variables suivant l'irrégularité plus ou moins grande de la pression exercée par la ligature au début de la greffe,

Fig. 16. — Coupe longitudinale de la greffe de Panais sur Fenouil, racine sur racine, au niveau du point d'union des vaisseaux.

S, sujet; cc' cylindre conducteur et médullaire; 1/2 cc', les deux moitiés de ce cylindre écartées dans la greffe; V, tissus conducteurs restés vivants; V', tissus conducteurs nécrosés; E, écorce; ap, assise péridermique profonde qui provoque l'exfoliation de tout ce qui est extérieur aux lignes pointillées.

Cg, couche génératrice du greffon; E, son écorce; cc, son cylindre conducteur et médullaire.

Les parties noires correspondent à des lièges en voie de résorption, et représentent l'ancienne ligne d'union à l'aide de la substance unissante.

et le moment où cette pression a cessé par la pourriture du
coton employé. Il peut se trouver à la pointe, mais il est
plus fréquemment sur l'une des branches du V (fig. 16);
quelquefois il y a deux points d'union.

Le fonctionnement de l'assise péridermique profonde,
dont le siège est variable suivant les plantes, fournit une
écorce nouvelle et provoque l'exfoliation complète de la
racine-sujet qui diminue aussi considérablement de volume.

Cette exfoliation coïncide avec la chute des branches du
V formés par les bois anciens du sujet entamés dans l'opération; le liège nouveau et le phelloderme recouvrent le
point d'union et c'est alors que le greffon accumule ses
réserves dans sa racine, tandis que le sujet se borne à lui
amener sa sève brute.

On peut citer encore, comme bon exemple d'exfoliation
péridermique profonde consécutive au greffage, celle que
l'on observe dans les greffes des Chicoracées sur la racine
adulte du Pissenlit, et celles d'un grand nombre d'Ombellifères (Fenouil sur Carotte sauvage, etc.)

Quelquefois la couche corticale est le siège d'exfoliations
partielles qui précèdent l'exfoliation péridermique profonde.
Des méristèmes locaux affectent la forme radiale et rappel-
lent ceux que j'ai décrits dans la moelle du Chou (fig. 13).

De telles lacunes existent dans les racines de *Sison am-
momum,* par exemple.

Enfin je ne puis négliger ici le cas fort curieux des
greffes de Laitue cultivée sur la racine de Salsifis (greffes
entre racines), qui jette un jour tout nouveau sur les rapports du sujet et du greffon et montre bien encore le rôle
secondaire des conditions anatomiques dans la reprise.

Quand l'on greffe une racine de jeune Laitue munie de
sa rosette de feuilles sur une racine de Salsifis à sa deuxième
année de développement, on constate que la reprise anatomique est parfaite.

A l'union provisoire, parfaite de tous points, succède l'union définitive avec ses vaisseaux et ses libers nouveaux. On croirait l'opération parfaitement réussie quand apparaissent de nombreuses racines adventives sur le greffon et de nombreux yeux de remplacement sur le sujet.

La suppression radicale de ces productions amène la mort du tout.

Cette expérience pouvait faire croire à l'impossibilité d'une semblable greffe. Il n'en est rien.

Si l'on prend, en effet, de jeunes Laitues d'hiver semblables aux précédentes et si on les insère sur des racines de Salsifis également jeunes et n'ayant pas encore commencé leurs réserves d'inuline, on voit la greffe réussir. La reprise anatomique est parfaite, mais cette fois la suppression des racines adventives du greffon et des yeux de remplacement du sujet n'amène pas la destruction de la symbiose, et le greffon arrive à fleurir et à fructifier.

A première vue ces deux expériences contradictoires paraissent inexplicables. Voici ce qui s'est passé.

Dans le premier cas, le greffon qui, comme on sait, a besoin de beaucoup d'eau, s'est trouvé placé sur une racine riche en réserves mais dont le rôle au point de vue de l'absorption directe se trouve extrêmement réduit.

La Laitue, pour pouvoir vivre dans ces conditions, n'a que deux ressources : ou de se développer à l'aide des réserves du sujet, ou de puiser elle-même la sève brute dans le sol à l'aide de racines adventives.

Or l'examen microscopique montre qu'à n'importe quel moment de la reprise l'inuline du sujet ne pénètre dans le greffon.

Si donc l'on supprime les racines adventives, la mort du greffon doit arriver fatalement, ce qui est conforme à l'expérience.

Dans le second cas, la Laitue trouve une racine-sujet

pauvre en réserves, mais dont le pouvoir absorbant est maximum. Les réserves étant inutilisables, la Laitue n'a besoin que d'un appareil absorbant; faute de mieux, elle se sert alors de celui que le sujet lui offre et qui lui permet péniblement de fructifier.

Naturellement le greffon ne saurait dans ces conditions posséder à un moment donné une surabondance de nutrition. Ainsi s'explique la non-formation de la pomme et l'absence complète de réserves dans le sujet qui ne saurait se tuberculiser.

Ces diverses expériences permettent de fixer dans quelles conditions se fera la tuberculisation dans le cas des greffes et d'expliquer les contradictions apparentes des résultats que j'ai obtenus jusqu'ici.

Partant de ce principe qu'une tuberculisation ne peut se produire qu'à la suite d'une surabondance de nutrition dans le greffon, et que cette surabondance est en rapport avec la quantité de sève élaborée fournie par le sujet, il sera facile de comprendre que la tuberculisation est possible seulement quand l'appareil absorbant fourni au greffon est suffisant pour que ce dernier non seulement ne souffre pas, mais encore soit à l'état de pléthore au moment voulu.

C'est ainsi que la Laitue greffée sur Salsifis, n'étant jamais suffisamment nourrie, n'accumule aucune réserve, même dans ses organes propres habituels.

Lorsque, comme dans le Panais greffé sur la Carotte, l'absorption après la greffe, se fait avec la racine-sujet comme avec l'appareil absorbant normal du greffon, celui-ci fabrique des réserves et les emmagasine dans sa propre racine qui s'hypertrophie et produit son tubercule comme si la greffe n'existait pas.

Enfin quand le greffon reçoit une sève brute suffisante de la part du sujet, la surabondance de nutrition lui permet de fabriquer ses réserves comme de coutume, et il peut arriver que ces réserves se partagent entre le greffon et le sujet.

Mais les réserves ne passent dans le sujet que quand le greffon est devenu apte à les fabriquer lui-même et non à l'époque où elles se formeraient dans le sujet non greffé.

Il est bien entendu que je parle ici exclusivement des greffes en fente sur racines où le sujet est entièrement privé de son appareil assimilateur et le greffon entièrement dépourvu d'appareil absorbant propre.

Vient-on à laisser une partie de l'appareil assimilateur au sujet et une partie de l'appareil absorbant au greffon, le premier assimile pour son propre compte et le second puise dans le sol une bonne partie de la sève élaborée. Ce n'est plus une symbiose complète, mais une simple soudure anatomique, comme celle dont j'ai parlé à propos des greffes en approche de Haricot sur Fève des marais.

D'ailleurs la symbiose anatomique n'entraîne pas toujours la symbiose physiologique dans les greffes en approche. J'ai obtenu des soudures très nettes entre les diverses variétés de Choux tuberculeuses ou non, et chaque variété a conservé ses caractères tant au point de vue de la forme que de la couleur, et cela quelles que fussent les régions greffées par approche.

B. — *Greffes en écusson.* — Les greffes en écusson présentent des particularités intéressantes.

La plupart des écussons faits sur les arbres ou même sur les plantes herbacées se développent de suite (écussons à œil poussant) ou ils se développent lors du mouvement suivant de la sève (écussons à œil dormant).

Quelquefois l'écusson se soude au sujet et reste bien vivant sans se développer en rameau; il se borne à suivre l'accroissement en épaisseur du sujet, mais il reste à l'état

de simple bourgeon pendant un nombre d'années variable
c'est ce que l'on appelle un écusson boudeur.

Or, dans l'écusson ordinaire et dans l'écusson boudeur les
tissus ne se différencient pas au même degré ni au même
moment. C'est là leur principale différence, car il est toujours
possible de transformer l'écusson boudeur en écusson ordinaire en l'obligeant à se développer par la section du sujet
au-dessus de la greffe.

Considérons un écusson de Rosier qui a été placé volon-
tairement à la base d'une branche sur laquelle sont posés
d'autres écussons qui occupent une situation plus favorable
à la pousse.

Examinons successivement une coupe longitudinale passant par l'axe longitudinal de l'écusson et une coupe transversale perpendiculaire à la première, passant par l'œil de
l'écusson (fig. 17 et planches II et III).

Ces coupes offrent une partie intacte où les tissus
ont suivi leur développement régulier, qu'il s'agisse des
tissus produits avant l'écussonnage ou des tissus formés
après cette opération. Cette partie servira de terme de com-
paraison et permettra de comprendre la structure très
compliquée de la seconde.

L'écusson, au moment de sa pose, était encore à l'état
herbacé; ses vaisseaux et son liber étaient cependant différenciés, ce qui est une condition de la reprise.

Placé au milieu de la couche génératrice interne, l'écusson n'a pas à supporter longtemps, comme les greffes en
fente, la gêne dans l'absorption de l'eau causée par l'interruption des vaisseaux. Dès le début, en effet, l'écusson est
toujours imbibé d'eau, comme l'est une bouture placée dans
l'eau.

La première conséquence, c'est que l'union provisoire
est peu marquée puisque le greffon n'est pas menacé de la
mort par dessiccation comme dans les greffes en fente;

la figure 17.

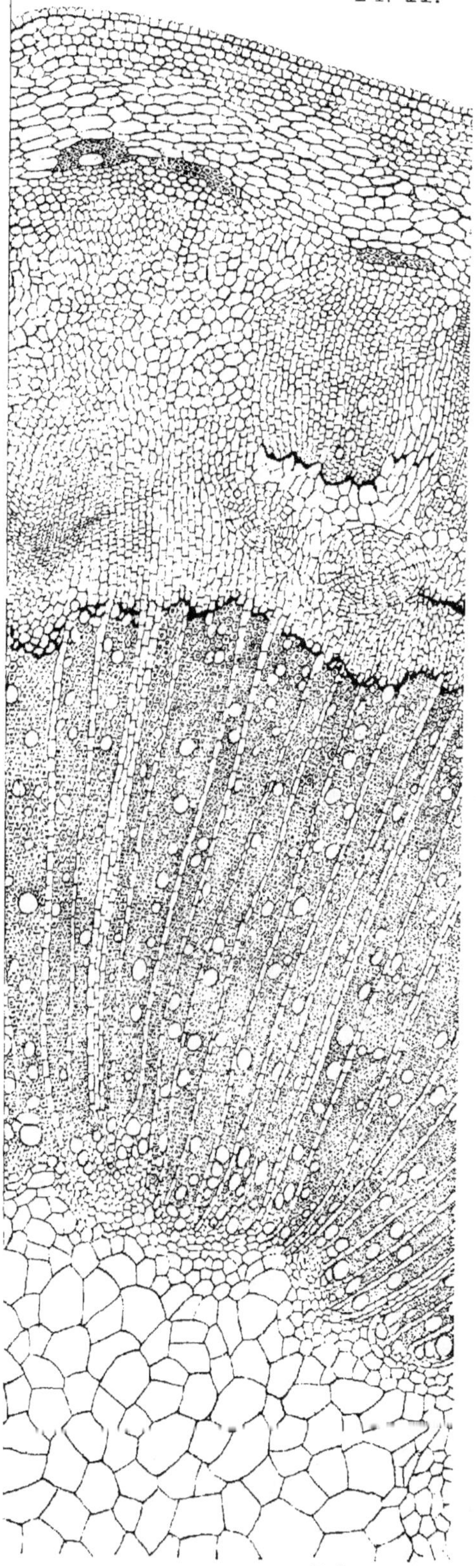

L. Daniel del.
T. Bigor del.

La deuxième conséquence, c'est que l'union provisoire est de très courte durée, puisque les libers n'étant pas tous sectionnés dans le sujet, la couche génératrice interne fonctionne sans subir un temps d'arrêt comme dans les autres greffes en général.

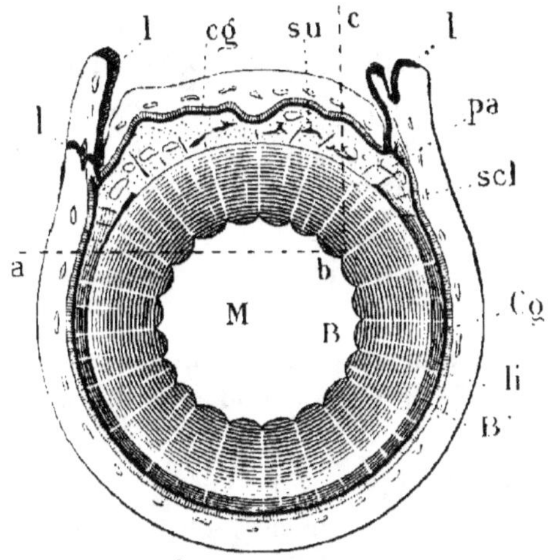

Fig. 17. — Coupe transversale schématisée d'un écusson de Rosier fait en août et cueilli en novembre.
M, moelle du sujet; B, bois de printemps; B', bois d'automne; Cg, couche génératrice du sujet; li, liber; scl, ilots de sclérenchyme; l, liège cicatriciel; pa, ilots de parenchyme à membranes minces, disséminés au milieu du parenchyme ligneux de cicatrisation; su, restes de la substance unissante cg, couche génératrice de l'écusson.
abc, partie à laquelle correspond la planche II.

Dans l'écusson boudeur, l'union définitive se fait à l'aide de parenchyme et de tissus conducteurs. Ce qui prédomine, c'est le parenchyme.

Ce parenchyme affecte des formes variées; il est formé de cellules ponctuées arrondies, rectangulaires ou parfois polyédriques; les parois sont légèrement lignifiées et le protoplasma se gorge de grains d'amidon quand le parenchyme correspondant des régions normales en contient beaucoup moins.

Le parenchyme d'union est parcouru par des vaisseaux ayant des directions très variées, pour les mêmes raisons que dans les greffes en fente. On en trouve qui sont obliques, d'autres horizontaux ou verticaux. Ils sont rarement dirigés en ligne droite, mais sont presque toujours sinueux ; quelques-uns affectent même la forme demi-circulaire ou spiralée.

Un fait digne de remarque, c'est que les vaisseaux du sujet ne communiquent avec ceux de l'écusson que par l'intermédiaire du parenchyme ligneux que je viens de signaler.

Il n'y a pas de *communication directe* entre les vaisseaux du sujet et du greffon tant que celui-ci restera boudeur.

L'écorce au niveau de la région cicatrisée ne présente pas le sclérenchyme dans l'écusson, si ce tissu n'était déjà formé au moment de la pose de l'écusson.

Sur les coupes transversales, on fait des observations concordantes. C'est sur elles que l'on voit le mieux l'irrégularité causée dans le développement des tissus ligneux secondaires par l'écussonnage.

Les traces de l'union provisoire apparaissent sous forme de traits bruns irréguliers, vestiges de la soudure première à l'aide de la substance réunissante.

Des îlots de parenchyme conjonctif restent isolés dans les tissus ligneux ; ils ne se résorbent qu'après plusieurs années de greffe, pour faire place à une lacune (fig. 17, et planches II et III).

Si l'œil doit rester boudeur, il suivra simplement, au printemps suivant, l'accroissement du sujet sans croître beaucoup lui-même. Les couches génératrices de l'écusson fournissent bien du bois en dedans et du liber en dehors ; mais les rayons médullaires nouveaux restent encore déviés

, n° 3.

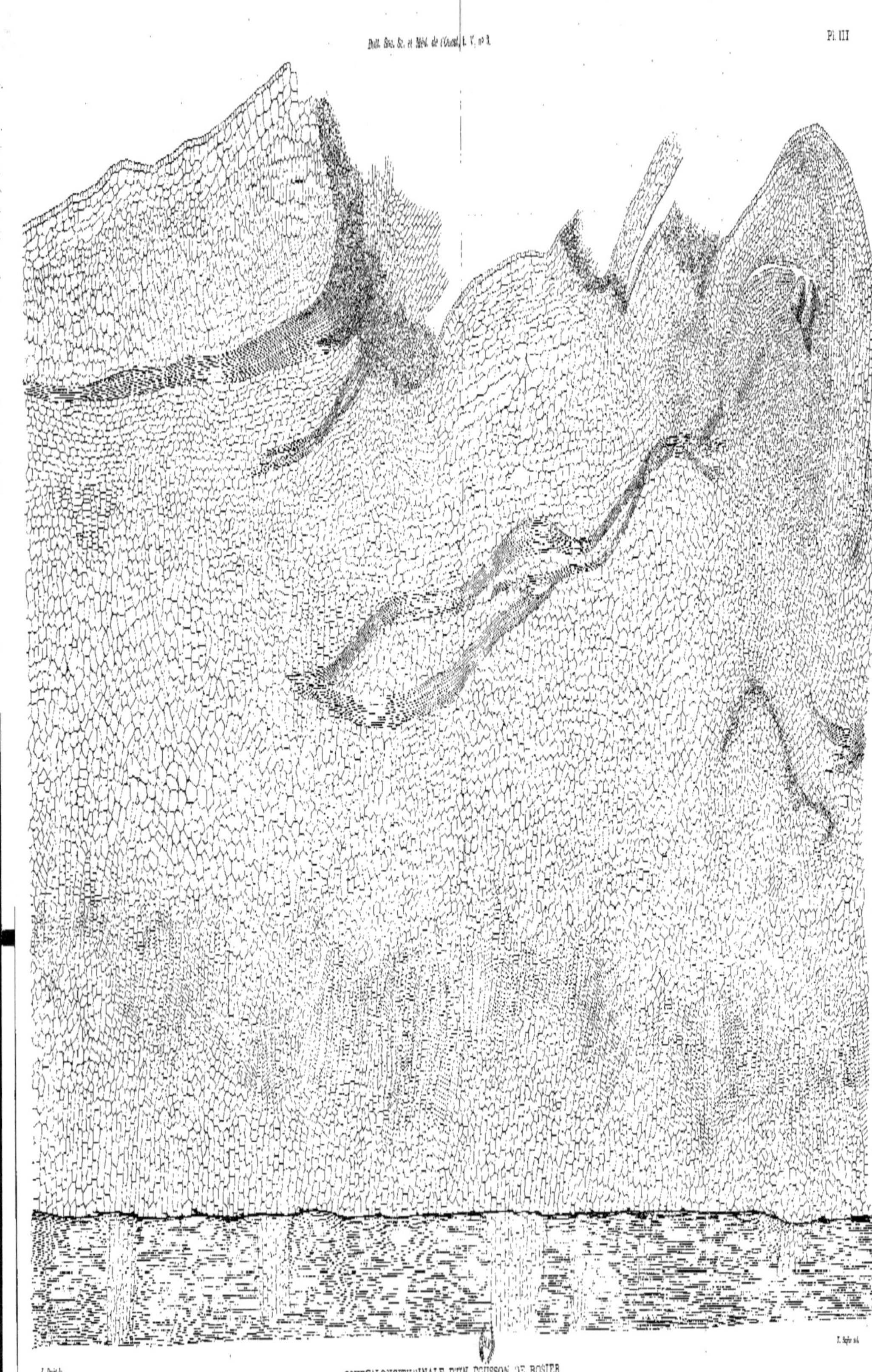

COUPE LONGITUDINALE D'UN COUSSON DE ROSIER

et les vaisseaux se contournent encore comme les premiers qui se sont formés dans les tissus cicatriciels.

A ce moment, des méristèmes locaux, souvent rayonnants, prennent naissance dans les écorces du sujet et du greffon, au voisinage de l'œil. Ils achèvent le nivellement de la région cicatrisée et forment une couche plus régulière de liège protecteur et de phelloderme assimilateur.

En coupe, les tissus ligneux de l'écusson boudeur se distinguent nettement des tissus du sujet par leur couleur verdâtre et leur lignification moindre. Des travées de parenchyme rempli d'amidon parcourent le bois de l'écusson perpendiculairement à l'axe du sujet; comme ces travées sont beaucoup plus étendues que les rayons médullaires ordinaires, la région cicatrisée se distingue de suite du reste de la coupe par son aspect.

Quelquefois l'œil fournit une pousse de quelques centimètres et sa croissance s'arrête ensuite. Cette pousse provoque déjà une réduction dans le parenchyme et une augmentation correspondante du tissu ligneux.

Vient-on à sectionner la tige au-dessus de l'écusson boudeur, soit peu de temps après l'opération, soit plus tard, l'excès de sève qui arrive alors dans le bourgeon le fait se développer très rapidement. Les couches génératrices internes fonctionnent activement pour accroître le diamètre du rameau auquel un cloisonnement rapide du sommet végétatif a vite donné un allongement considérable.

De larges vaisseaux, dont la direction se rapproche de plus en plus de la ligne droite s'insèrent obliquement sur les vaisseaux du sujet et le développement ultérieur de l'écusson ne diffère plus de celui d'une branche ordinaire autrement que par la lignification moindre des vaisseaux et la prédominance persistante du parenchyme dans le tissu ligneux.

C'est d'ailleurs ce qui se produit lors de la pousse d'un écusson à œil dormant.

Le peu de développement des tissus de soutien au niveau de la réunion du sujet et du greffon est caractéristique de la greffe en écusson.

C'est la raison pour laquelle cette greffe est la moins solide au début et se *décolle* si facilement sous l'influence du vent.

2ᵉ CAS. — Les couches génératrices du sujet et du greffon ne concordent pas.

Dans ce genre de greffes, l'union provisoire joue un rôle d'autant plus important que les couches génératrices du sujet et du greffon sont situées à une plus grande distance l'une de l'autre. On conçoit, en effet, que la période de souffrance du greffon soit augmentée d'autant plus que l'on recule le moment où la circulation normale des sèves se rétablit.

C'est pour cette raison que ce genre de greffes (greffes dans le bois, greffes dans la moelle, greffe des écorces) est moins avantageux que les greffes faites avec une coïncidence parfaite des couches génératrices.

Mais elles n'en sont pas moins possibles, à condition bien entendu que les distances des couches génératrices ne soient pas exagérées comme dans le cas des greffes ligneuses où l'union provisoire reste toujours faible dans les sujets trop âgés, et si l'on a soin d'empêcher la mort du greffon et des jeunes tissus de cicatrisation en plaçant le tout, soit sous cloche, soit dans le sol, ou même en faisant, comme les Anciens, tomber de l'eau goutte à goutte sur la poupée de la greffe.

Dans les greffes de ce genre, la principale différence anatomique consiste dans la déviation beaucoup plus grande des vaisseaux d'union, qui accentue encore les effets physiologiques du greffage (circulation plus difficile des sèves, avec toutes ses conséquences).

J'examinerai successivement les greffes en fente des plantes herbacées et les greffes des plantes ligneuses.

Greffes herbacées. — Je prendrai comme type le Haricot noir de Belgique greffé sur le Haricot d'Espagne (greffe entre germinations), mais placé de façon à ce que l'une des couches génératrices du greffon corresponde aux régions externes de la couche corticale du sujet et l'autre au parenchyme médullaire appelé à se résorber plus tard (formation de la lacune centrale).

Cette sorte de greffe reprend fort bien, malgré la non-concordance des couches génératrices. La condition de concordance, considérée comme absolue par les auteurs modernes, n'est donc pas aussi indispensable qu'on l'a prétendu.

L'examen anatomique, au niveau de la soudure, de cette greffe complètement développée, fait entrevoir une extrême complication des tissus conducteurs.

Les vaisseaux sont tous sinueux, contournés en tous sens, enchevêtrés les uns dans les autres. Tandis que dans les greffes ordinaires, on remarque que les vaisseaux d'union sont toujours inclinés par rapport au plan horizontal, dans ces greffes de Haricot, beaucoup d'entre eux se dirigent horizontalement pour opérer la réunion du sujet et du greffon.

Ces vaisseaux, en général ponctués, sont entremêlés de quelques fibres ligneuses et de parenchyme.

Mais ce qu'il y a de remarquable ici, c'est la production de poussées cambiales à l'extérieur du greffon et du sujet et qui donnent naissance à des broussins de greffe.

Ces broussins, dont j'ai décrit la structure à propos du Chou greffé sur Chou-Navet, achèvent de donner à la région d'union une complication de structure qui entrave de plus en plus la circulation des sèves et amène la formation d'une sorte de bourrelet.

La production de ces broussins montre bien l'imperfection plus grande du procédé de greffe avec discordance des couches génératrices; d'ailleurs cette imperfection a pour conséquence une moindre taille du greffon et la souffrance des deux plantes qui n'atteignent point la même vigueur que dans les greffes où l'on a assuré la concordance des couches cambiales.

La lacune centrale médullaire de la tige existe toujours, mais elle devient oblique au niveau de la greffe, pour reprendre la direction verticale au-dessus et au-dessous.

Toutes les greffes herbacées, ainsi disposées, peuvent se rapporter, à part des modifications de détail, à celles des Haricots.

Greffes ligneuses. — Les greffes ligneuses réussissent beaucoup moins facilement que les précédentes si l'on n'assure pas la concordance des couches génératrices. La raison en est simple.

Dans ces greffes, faites au repos de la sève, l'union provisoire est d'autant moins marquée que le bois est plus développé par rapport aux parenchymes.

Cependant ces greffes reprennent quand il n'y a pas une distance de plus de deux à trois millimètres entre les couches génératrices du sujet et du greffon.

Dans le cas de reprise, les poussées de cambium vont pénétrer entre les deux plantes et dans la fente énorme du sujet.

Quand il s'agit de plantes ligneuses âgées de plusieurs années, comme dans la greffe du Pommier ou du Poirier par exemple, les bois sont épais et la fente du sujet très accusée. Dans ces conditions, les poussées cambiales sont trop faibles pour remplir la fente en entier.

Divers anatomistes qui avaient étudié seulement des greffes de ce genre ont pu prétendre, avec raison, que les bois anciens séparés dans la greffe, ne se réunissaient pas, et que la fente restait toujours béante.

On peut, en effet, s'en convaincre en sectionnant longitudinalement une semblable greffe. Quand bien même la greffe serait faite depuis longtemps, il serait toujours facile de reconnaître les bois anciens dont la section est plus ou moins nécrosée suivant que les bois sont restés plus ou moins longtemps exposés aux intempéries.

Cette nécrose des bois anciens est le plus grand inconvénient des greffes en fente et il cause la destruction d'un grand nombre de Pommiers quand on les greffe assez vieux pour qu'on doive employer deux greffons.

Mais si l'on opère sur de jeunes scions qui ne nécessitent qu'un seul greffon, outre que la concordance suffisante des couches génératrices devient assurée ipso- facto, les productions cambiales vont combler rapidement le vide de la fente et recouvrir la surface de la coupe.

Ces tissus, qui pénètrent entre les lèvres de la fente du sujet, sont, au début, pourvus de chlorophylle, car ils sont plus ou moins exposés aux radiations solaires.

Ils restent à l'état de parenchyme ligneux, et conservent l'aspect *verdâtre* que j'ai déjà indiqué à propos des écussons du Rosier.

C'est la strie *brun verdâtre* dont parlent d'autres anatomistes, et en particulier Treviranus, Gœppert, Linck, etc.

En somme les anatomistes qui ont prétendu que les bois anciens n'étaient pas réunis entre eux par des tissus nouveaux avaient raison tout comme les partisans de l'idée contraire, puisque, suivant les conditions dans lesquelles on a effectué le greffage, l'un ou l'autre cas peut se produire.

Il me resterait ici à examiner les nombreuses différences que présentent, suivant la nature du greffon et celle du sujet, les diverses greffes herbacées et ligneuses, tant au point de vue de la forme, du nombre, du diamètre des vaisseaux que des complications des tissus d'où résulte le bourrelet dans toutes les greffes où la symbiose n'est pas parfaite, etc.

Voulant me borner pour le moment aux premiers phénomènes de la reprise anatomique dans les greffes herbacées surtout, je me propose de revenir sur ces questions dans un prochain travail qui sera plus spécialement consacré aux greffes des végétaux ligneux.

C'est en effet dans ces plantes que le bourrelet s'observe le plus fréquemment et qu'il est le plus marqué. Il existe aussi, mais moins volumineux, dans les greffes herbacées.

C'est ainsi que le Chou vert, greffé sur racine d'Alliaire, produit un fort bourrelet, si le greffon est formé par un jeune Chou, c'est-à-dire par la plante entière. Le bourrelet ne se forme plus quand, à la place du Chou tout entier, on prend pour greffon un jeune bourgeon à fleurs dont les dimensions, une fois complètement développé, ne dépassent pas celles de l'appareil assimilateur de l'Alliaire.

Parmi les causes qui influent sur la production et les dimensions du bourrelet, il faut donc citer les différences entre la valeur propre des appareils assimilateur et absorbant des plantes greffées; la circulation différente des sèves; le séjour plus long de la sève élaborée dans les tubes criblés, etc.

CONCLUSIONS

Bien que ce travail concerne tout spécialement l'anatomie de la greffe, il me serait difficile de ne pas tirer des observations qu'il contient, outre les conclusions anatomiques, plusieurs conséquences physiques qu'entraînent les divers phénomènes de la cicatrisation.

Les conclusions seront donc à la fois anatomiques et physiologiques et concerneront les deux phases successives que comprend toute greffe : l'*Union provisoire* et l'*Union définitive*.

A. — UNION PROVISOIRE.

L'Union provisoire comprend tous les phénomènes qui se passent depuis le début de la greffe jusqu'au moment où le fonctionnement des couches génératrices interne et externe, interrompu par le fait même de l'opération, reprend son jeu régulier.

1. **Anatomie**. — On distingue trois stades successifs dans l'Union provisoire :

a. — *La réunion grossière des deux plantes à l'aide de la substance unissante*, mélange complexe, formé des membranes déchirées dans l'opération, du contenu des cellules et des sèves brute et élaborée s'échappant par les plaies.

b. — *La résorption partielle de la substance unissante*, ce qui permet la communication directe du sujet et du greffon au travers des membranes de leurs cellules accolées alors sans intermédiaire, et donne à la ligne d'union primitive continue l'aspect d'une série de traits bruns entremêlés de traits noirs.

c. — *La formation de méristèmes locaux, indépendants des couches génératrices normales*, qui se produisent dans le tissu médullaire et cortical pour combler les vides et assurer un contact plus intime encore.

De tous les tissus, c'est donc le parenchyme conjonctif qui joue le plus grand rôle dans l'Union provisoire.

2. **Conséquences physiques**. — Les conséquences de l'Union provisoire ont une portée considérable sur la réus-

sitc définitive de la greffe. Elles se comprennent plus facilement quand on simplifie les conditions de l'opération en greffant une plante quelconque sur elle-même (Haricot, par exemple).

Dans ce cas, toutes les conditions restent les mêmes, sauf les modifications qui résultent de la section complète des vaisseaux et des éléments libériens.

La section des vaisseaux du greffon expose celui-ci à une dessiccation rapide, s'il s'agit d'une greffe herbacée faite à l'air libre, puisqu'il transpire et chlorovaporise sans que l'absorption vienne rétablir l'équilibre.

D'où la nécessité de placer la greffe à l'étouffée.

Mais alors le greffon se trouve en face d'un autre écueil : c'est la pourriture qui se produit soit directement, soit à la suite de phénomènes [1] décrits sous le nom de *réplétion aqueuse* par Vesque, qui les a observés, en dehors de la greffe, sur un rameau de Lierre plongé dans l'eau et exposé à la lumière [2].

Le greffeur a-t-il été assez habile ou assez heureux pour éviter à la fois la dessiccation et la pourriture, le greffon reste vivant jusqu'à ce que les couches génératrices normales se mettent à fonctionner de nouveau.

Pendant ce temps le greffon déshydrate ses sucres qui passent à l'état insoluble sous forme d'amidon.

La formation de l'amidon dans le greffon seul n'avait pas été constatée jusqu'ici. Elle est du même ordre que les phénomènes inexpliqués encore de la production bien con-

---

1. La réplétion aqueuse se manifeste en général par un rougissement très marqué des feuilles. Si cet état persiste, le rougissement fait place au jaunissement; les feuilles tombent; le greffon pourrit dans ses méristèmes d'abord, puis entièrement. La réplétion aqueuse existe aussi dans l'incision annulaire du Chou, etc. En dehors de l'expérience de Vesque, elle n'avait pas été signalée dans les plantes.

2. Vesque, *De l'influence de la température du sol sur l'absorption de l'eau par les racines* (Annales des sciences naturelles, Botanique, t. VI, 1878, p. 173 et suiv.)

nue de l'amidon dans le cas de l'incision annulaire, et, comme je l'ai constaté, dans le cas des boutures faites dans l'eau ou dans le sol.

C'est une conséquence de la section des libers seulement, puisque dans l'incision annulaire les vaisseaux restent intacts et l'amidon apparaît quand même.

Cette section des libers a pour effet d'interrompre les phénomènes osmotiques qui se passaient normalement entre la partie sujet et la partie greffon de la même plante.

Or, la chlorophylle du greffon fonctionne s'il n'est pas maintenu à l'obscurité complète, ce qui est toujours le cas, sans quoi l'on amènerait rapidement la pourriture directe.

Le résultat de ce fonctionnement, c'est :

1° La fabrication de produits nouveaux, et en particulier de sucres (assimilation du carbone, etc.).

2° La concentration du liquide sucré contenu dans les cellules du greffon (transpiration et chlorovaporisation).

Ces deux fonctions concourent à un même résultat, qui est *l'accroissement de la pression osmotique à l'intérieur de chaque cellule,* puisque, d'après la loi de Pfeffer, la pression osmotique y est proportionnelle à la concentration du liquide.

Normalement le greffon devrait faire disparaître l'excès de pression en passant une partie de ses produits au sujet qui les emploie pour sa croissance et son entretien. Mais la section des libers empêche cette migration.

Le greffon ne pouvant plus rétablir son équilibre osmotique, cette pression osmotique lui deviendrait funeste. Mais il lutte quelque temps contre elle en déshydratant les sucres qu'il contient et en les rendant insolubles sous forme d'amidon.

On sait en effet que, d'après la loi de Maquenne[1], ou principe des pressions osmotiques, tout corps, même so-

---

1. MAQUENNE, *Sur le rôle de l'osmose dans la végétation et dans l'accumulation des sucres* (Annales agronomiques, t. XXII, n° 1, 1896).

luble, peut s'accumuler en un point de l'organisme, quand sa formation donne lieu à un abaissement de la pression osmotique.

L'abaissement est complet quand le corps devient insoluble, ce qui est le cas actuel.

La production exclusive de l'amidon dans le greffon est une conséquence naturelle de cette même loi. Le greffon seul, en effet, qui a un appareil assimilateur assez complet, mais pas d'appareil absorbant, possède une pression osmotique considérable, tandis que le sujet, presque entièrement dépourvu d'appareil assimilateur, a ses fonctions chlorophylliennes très réduites, et possède d'ailleurs son appareil absorbant intact, auquel il peut passer ses produits et se débarrasser ainsi de l'excès de la pression osmotique s'il venait à exister à un moment donné.

Le cas de la bouture est plus simple encore, puisque le sujet n'existe pas alors (bouture du Chou dans l'eau ou dans le sol humide); l'amidon est abondant tant que les racines adventives n'ont pas remplacé entièrement l'appareil absorbant supprimé.

L'expérience de Dupetit-Thouars, faisant produire des bulbilles à des tiges de Lis coupées et suspendues ensuite dans un milieu humide, est un phénomène du même genre qu'on n'était pas parvenu à expliquer, pas plus du reste qu'on ne comprenait la raison pour laquelle l'amidon s'accumule au-dessus de l'incision annulaire.

B. — Union définitive.

L'Union définitive comprend tous les phénomènes qui se passent après que les couches génératrices interne et externe du sujet et du greffon viennent d'entrer à nouveau en activité.

Cette phase est certainement plus importante que la première ; on peut, en effet, presque toujours s'arranger de façon
à vaincre les difficultés que présente l'Union provisoire. Il
n'en est plus de même de l'Union définitive, car la plupart
des phénomènes qu'elle comprend échappent à la direction
du greffeur.

Elle ne saurait exister dans la majeure partie des Monocotylédones et dans les Cryptogames, puisque les couches
génératrices normales ne s'y rencontrent pas ; c'est la raison
pour laquelle la greffe ne réussit pas dans ces plantes,
mais seulement chez les Dicotylédones.

1. **Anatomie**. — L'Union définitive comprend deux
stades principaux :

a. — *La formation de tissus cellulaires* qui remplissent
les grands vides de la plaie, et opèrent la soudure intime
des deux plantes associées, quand la greffe peut réussir
entre elles.

C'est à ce moment que, dans le cas contraire, se fait la
séparation pure et simple du greffon et du sujet (greffes
hétérogènes).

b. — *La différenciation des vaisseaux et des tubes criblés* dans les tissus de cicatrisation produits par le jeu de
l'assise génératrice interne ; *la formation de liège et de
phelloderme protecteur* par le jeu de la couche génératrice
externe combiné parfois à celui de méristèmes locaux
rayonnants.

Les derniers nivellent la plaie et remplacent le phelloderme assimilateur qui a été détruit dans l'opération.

Les premiers sont destinés à assurer le passage suffisant
des sèves. A cause de l'irrégularité des surfaces mises en
contact dans l'opération, des lacunes de taille variée existent entre le sujet et le greffon. De là, une irrégularité
dans les poussées cambiales et la forme contournée très

variée qu'affectent les tissus conducteurs nouveaux. Les vaisseaux sont fréquemment en plus petit nombre et leur diamètre reste plus petit que celui des vaisseaux correspondants normaux.   .

Les tissus ligneux cicatriciels sont, en outre, caractérisés généralement par leur faible lignification et la prédominance d'un parenchyme ponctué, où s'accumule fréquemment de l'amidon. C'est à cette faiblesse des tissus de soutien au niveau de la greffe qu'il faut attribuer le décollement trop fréquent des écussons et même de quelques greffes en fente.

La lignification au niveau de la greffe n'est pas proportionnelle à la vigueur de la pousse d'un greffon : elle reste toujours faible, et l'on comprend que le décollement est d'autant plus facile que la pousse est plus forte, puisqu'elle offre plus de prise aux vents.

La symbiose peut être plus ou moins parfaite. Toute symbiose imparfaite produit des broussins de greffe, et un bourrelet plus ou moins volumineux.

Il n'est pas absolument nécessaire, comme on l'enseigne, mais simplement toujours *utile* de faire coïncider exactement les couches génératrices internes du sujet et du greffon.

C'est dans les greffes herbacées, où prédominent les parenchymes, que l'Union provisoire joue le plus grand rôle, et permet aux couches génératrices internes de deux plantes d'arriver à la longue à se réunir.

Dans les greffes ligneuses, où les tissus de soutien prédominent, l'Union provisoire est peu marquée, et le greffon se dessécherait plus facilement, d'où la nécessité d'une coïncidence plus parfaite entre les couches génératrices.

Enfin l'Union définitive commence à des époques qui varient suivant les conditions extérieures et suivant la carnosité des plantes. Elle est rapide dans les plantes à feuilles minces (Haricot), plus lente dans les plantes à feuilles demi-grasses (Chou) et très lentes dans les plantes grasses (Cactées).

2. ***Conséquences physiques.*** — Pour bien comprendre les conséquences physiques produites par le contournement des vaisseaux, leur nombre moindre et leur diamètre plus petit au niveau de la greffe, il est nécessaire de rappeler ici quelques principes qui régissent l'ascension de la sève brute, en admettant que les vaisseaux soient complètement remplis de liquide, qu'ils soient continus, lisses, et de diamètre uniforme.

On sait que, dans ces conditions, la quantité Q d'eau qui arrive aux feuilles, dans un temps donné t, est mesurée pour un vaisseau donné, par la formule de Poiseuille :

$$(a) \quad Q = A \frac{PD^4}{L},$$

dans laquelle A représente un facteur constant si la température ne change pas; P, la force totale qui fait monter l'eau; D, le diamètre du vaisseau capillaire; L, sa longueur totale.

D'autre part, Nægeli[1] a démontré que cette même quantité Q, en fonction de la vitesse v, est donnée par la formule :

$$(b) \quad Q = v \frac{\pi D^2}{4}.$$

Égalant (a) et (b), on tire, après réductions faites :

$$(c) \quad v = \frac{PD^2}{L} \times \text{constante}.$$

En d'autres termes, la vitesse est directement proportionnelle à la pression et au carré du diamètre du tube

____

1. Nægeli, *Das Mikroskop*, p. 384.

capillaire, inversement proportionnelle à la longueur de ce même tube.

Le temps t mis par la sève brute à arriver aux feuilles dépend évidemment de la vitesse v et par suite des facteurs P, D et L.

Or, dans la greffe d'une plante sur elle-même, une fois la cicatrisation effectuée d'une façon complète, au niveau du bourrelet. D devient plus petit, L plus grand. Les deux variations s'ajoutent pour rendre v plus petit et, par conséquent, t plus grand.

Dès lors, les quantités Q et Q' d'eau amenées aux feuilles en un même temps t dans deux plantes identiques, l'une greffée, l'autre normale, seront différentes. La quantité Q de la plante normale sera plus grande que la quantité Q' dans la plante greffée.

L'inégalité $Q > Q'$ sera encore accentuée par la non-différenciation en vaisseaux d'une partie du tissu cicatriciel au niveau de la greffe.

Donc, dans la greffe d'une plante annuelle sur elle-même (Haricot, par exemple), la principale conséquence physique de l'opération consiste dans *la diminution de la quantité de la sève brute qui arrive au greffon.*

Celui-ci se trouve alors placé dans les mêmes conditions que s'il végétait dans un sol sec, et doit présenter des phénomènes analogues.

Ainsi s'expliquent la diminution de sa taille, sa floraison et sa fructification plus abondantes, proportionnellement à ses dimensions, etc.

La transpiration et la chlorovaporisation étant indépendantes de l'absorption, le contenu des cellules devient plus concentré; la pression osmotique est alors plus considérable, et la plante l'abaisse par une formation d'amidon, ainsi qu'on peut le constater au microscope dans toute la plante jusqu'à la formation des graines.

Il est bien entendu que ces effets sont d'autant plus marqués que les conditions extérieures (lumière, sécheresse de l'atmosphère et du sol) sont elles-mêmes plus concordantes avec les conditions spéciales où l'opération a placé le greffon.

Dans ce cas, le plus simple de tous, d'une plante greffée sur elle-même, la forme irrégulière des éléments libériens n'a qu'une importance minime, puisque ce sont la pression osmotique et la diffusion qui jouent le plus grand rôle dans la marche de la sève élaborée.

On remarquera encore qu'il s'agit ici d'une première année de greffe, la seule dans les plantes annuelles, où les tissus parenchymateux prédominent.

S'il s'agit d'une plante vivace, les tissus ligneux, au contraire, l'emportent sur le parenchyme, et les années qui suivent, l'accroissement transversal ne tarde pas à redonner aux vaisseaux une plus grande régularité et à rétablir presque complètement l'équilibre du mouvement des sèves; par suite le greffon arrive peu à peu se replacer dans ses conditions biologiques primitives.

Mais, si l'on considère la greffe entre deux plantes qui appartiennent à des variétés, des espèces différentes ou même à des genres voisins, on conçoit que les phénomènes que je viens d'indiquer vont considérablement se compliquer.

La quantité Q d'eau qui arrivera aux feuilles du greffon sera réglée non seulement par la longueur L, mais cette fois, dans l'évaluation du diamètre D des vaisseaux, il faudra faire intervenir trois quantités : le diamètre des vaisseaux du sujet, le diamètre des vaisseaux cicatriciels et le diamètre des vaisseaux du greffon; et enfin le nombre des vaisseaux du sujet et de ceux du greffon, aura son importance.

On voit de suite que la quantité Q' qui arrivera dans les feuilles du greffon variera par rapport à la quantité Q de

la plante normale suivant les différences plus ou moins
tranchées des plantes greffées.

Cette variation est comprise entre les deux inégalités :
$Q > Q'$, comme dans le cas précédent, et $Q < Q'$, en passant
par l'égalité $Q = Q'$, qui est évidemment le cas le plus
favorable.

Mais il faudrait bien se garder de croire que le rapport
$\frac{Q}{Q'}$ soit constant pour une même greffe entre deux plantes
différentes données. Il dépend non seulement de l'âge de
la greffe, puisque le rapport du nombre des vaisseaux,
leur longueur et leur complication au niveau du bourrelet
changent annuellement, mais encore des conditions climatériques qui influent considérablement sur la production du
bois, etc.

Cette variation du rapport $\frac{Q}{Q'}$ explique facilement le
fait bien connu des greffes ligneuses qui poussent vigou-
reusement au début quand, par suite de la petite
taille du greffon, on a $Q < Q'$; qui se modèrent ensuite
quand, le greffon ayant grandi, $Q = Q'$; et enfin dont la
croissance diminue ou s'arrête quand on a $Q > Q'$.

Il est fort probable en outre que ces variations causent,
pendant les années de sécheresse ou d'humidité excessives,
la mort, sans cause apparente, de certains arbres greffés
qui paraissaient très bien portants. Il suffit pour cela que
le rapport $\frac{Q}{Q'}$ dépasse la limite d'équilibre entre l'absorption
et la sortie de l'eau, qui amène, soit la dessiccation, soit la
réplétion aqueuse.

C'est aussi là qu'il faut chercher, au moins en partie, la
cause d'un certain nombre de faits d'influence réciproque
du sujet sur le greffon (augmentation ou diminution réciproque de la vigueur, fructification plus abondante et plus
rapide, etc.); l'état de souffrance réciproque qui amène
l'attaque plus vive des parasites vis-à-vis des plantes
greffées, et la durée souvent moindre de ces plantes.

A cette question de l'ascension de la sève où le bourrelet joue un grand rôle, comme je viens de le démontrer, se joignent les effets de la diffusion et de la pression osmotique.

Je ne reviendrai pas sur l'empoisonnement lent ou rapide du sujet et du greffon par la diffusion des substances délétères qu'ils peuvent fabriquer, non plus que sur le passage des aliments et des réserves d'une plante à l'autre. J'ai traité cette question avec détails dans un autre mémoire[1].

Mais je terminerai par l'explication des phénomènes observés dans la greffe sur racines ou sur tiges des plantes tuberculeuses, phénomènes qui sont en rapport direct avec les variations des pressions osmotiques et sont régis par elles.

Le greffon, possédant seul la chlorophylle, fabrique les matériaux nécessaires à l'entretien et à l'accroissement de la communauté. Il arrive un moment où le greffon, si la symbiose est bonne, assimile plus que ne consomme cette communauté.

Les glucoses formés dans ses feuilles déterminent dans les cellules du greffon une pression considérable (loi de Pfeffer) qui est alors contrebalancée (loi de Vries) par un dépôt correspondant, dans la racine, de saccharose dont le poids moléculaire est sensiblement double de celui du glucose ou par un dépôt d'amidon, etc.

On conçoit dès lors que les pressions osmotiques du greffon amenant le dépôt du saccharose et des autres réserves dans le sujet, celui-ci se tuberculise seulement quand le greffon devient pléthorique.

Le lieu de ce dépôt est l'endroit où se déposent normalement les réserves dans la plante. Si le greffon seul possède

---

1. *Recherches physiologiques et morphologiques sur la greffe* (Rev. générale de Botanique, 1891.)

une racine tuberculeuse il emmagasine ses réserves dans sa racine même. Le sujet ne reçoit rien.

Si le sujet et le greffon peuvent accumuler leurs réserves, le premier dans la racine, le second dans la tige ou la racine, il arrive que les deux plantes se partagent les réserves, ou que le sujet en reste dépourvu (Panais et Carotte).

Enfin si le sujet seul possède un lieu de réserve, c'est lui qui les reçoit exclusivement (Pomme de terre).

DU MÊME AUTEUR

Structure anatomique comparée de la feuille et des bractées de l'involucre dans les Chicoracées (*Bul. de la Soc. bot. de Fr.*, 1888).

Structure anatomique comparée de la feuille et des bractées de l'involucre dans les Corymbifères (*Bul. de la Soc. bot. de Fr.*, 1889).

Sur la présence de l'inuline dans les capitules d'un certain nombre de Composées (*C. R. de la Soc. de Biol.*, 1889).

Structure comparée de la feuille et des bractées de l'involucre dans les Cynarocéphales et généralités sur les Composées (*Bul. de la Soc. bot. de Fr.*, 1889).

Structure anatomique comparée des bractées florales, des feuilles verticales et des feuilles engaînantes (*Bul. de la Soc. bot. de Fr.*, 1889).

Recherches anatomiques et physiologiques sur les bractées de l'involucre des Composées (*An. des Sc. nat.*, in-8°, 107 p. et 6 pl., 1870).

Le tannin dans les Composées (*Rev. gén. de Bot.*, 1890).

Influence du drainage et de la chaux sur la végétation spontanée dans le département de la Mayenne (*Revue gén. de Bot.*, 1891).

Sur les racines napiformes transitoires des Monocotylédones (*Rev. gén. de Bot.*, 1891).

Sur la greffe des parties souterraines des plantes (*C. R. de l'Ac. des Sc.*, 21 sept. 1891).

Recherches sur la greffe des Crucifères (*C. R. de l'Ac. des Sc.*, 30 mai 1892).

Liste des Champignons (*Basidiomycètes*) récoltés jusqu'à ce jour dans le département de la Mayenne (*Bul. de la Soc. d'Ét. sc. d'Angers*, in-8°, 72 p. 1892).

Sur la greffe des plantes en germination (*C. R. de l'A. F. A. S. fr.*, Congrès de Pau, 1892).

Les Champignons de la Mayenne, avec considérations sur leur distribution géographique. 1er, 2e et 3e suppléments (*Bul. de la Soc. d'Ét. sc. et méd. de Rennes*, 1892, 1893, 1894).

De la transpiration dans la greffe herbacée (*C. R. de l'Ac. des Sc.*, 10 avril 1893).

Recherches historiques sur les Botanistes mayennais, 1re partie : M. Bucquet, in-8°, 120 p., une planche (*Bul. de la Soc. d'Ét. sc. d'Angers*, 1894). — La 2e partie est sous presse.

Le Cynips Calicis en Maine-et-Loire (*Bul. Soc. d'Ét. sc. et méd. de Rennes*, 1894).

Recherches morphologiques et physiologiques sur la greffe (*Rev. gén. de Bot.*, in-8°, 33 p. et 2 pl., 1894).

Contribution à l'étude de la Flore de la Mayenne (*Le Monde des plantes*, 1894).

Sur quelques applications pratiques de la greffe herbacée (*Rev. gén. de Bot.*, in-8°, 16 p. et 2 pl., 1894).

Parasites et Plantes greffées (*Rev. des Sc. nat. de l'Ouest*, 1894).

Création de variétés nouvelles par la greffe (*C. R. de l'Ac. des Sc.*, 30 avril 1894).

Note sur le coupage des cidres [en collaboration avec M. Dufour] (*Le Cidre et le Poiré*, septembre 1894).

Étude anatomique sommaire sur les débuts de la soudure dans la greffe (*C. R. de l'A. F. A. S.*, Congrès de Caen, 1894).

Un nouveau Chou fourrager (*Rev. gén. de Bot.*, 1895).

Influence du sujet sur la postérité du greffon (*Le Monde des Plantes*, 1895).

Greffe de l'aubergine sur la Tomate (*Bul. Soc. sc. et méd. de Rennes*, 1895).

Note sur la greffe des arbres fruitiers (*Le Cidre et le Poiré*, 1895, avec 2 gravures).

Du choix des greffons dans les arbres fruitiers (*Le Cidre et le Poiré*, 1896, avec 2 gravures).

La greffe des Choux cabus (*Bul. de la Soc. sc. et méd. de Rennes*, 1896).

La greffe depuis l'antiquité jusqu'à nos jours (*Le Monde des plantes*, in-8°, avec sept planches et plusieurs gravures dans le texte, Le Mans, 1896).

La Chématobie et la greffe du Pommier (*Le Cidre et le Poiré*, 1896).

Sur le noircissement du Cidre [en collaboration avec M. L. Dufour] (*C. R. de l'Ac. des Sc.*, 1896).

Imprimerie A. Le Roy. — Fr. Simon, Sr. — Rennes (2001-96).